21世纪高等院校计算机应用规划教材

Microsoft Office

高级应用实验教程

主　编　陆　黎　王纪萍

副主编　徐　彬　彭爱梅

U0271707

南京大学出版社

图书在版编目(CIP)数据

Microsoft Office 高级应用实验教程 / 陆黎,王纪,
萍主编. — 南京:南京大学出版社,2016.12(2019.8 重印)
ISBN 978-7-305-18065-1

Ⅰ.①M… Ⅱ.①陆…②王… Ⅲ.①办公自动化—应
用软件—教材 Ⅳ.①TP317.1

中国版本图书馆 CIP 数据核字(2016)第 323956 号

出版发行　南京大学出版社
社　　址　南京市汉口路 22 号　　　　邮　编　210093
出版人　金鑫荣
书　　名　**Microsoft Office 高级应用实验教程**
主　　编　陆　黎　王纪萍
责任编辑　徐　鹏　吴　汀　　　　　编辑热线　025-83593923
照　　排　南京南琳图文制作有限公司
印　　刷　常州市武进第三印刷有限公司
开　　本　787×1092　1/16　印张 10.5　字数 249 千
版　　次　2016 年 12 月第 1 版　2019 年 8 月第 4 次印刷
ISBN 978-7-305-18065-1
定　　价　26.00 元

网址:http://www.njupco.com
官方微博:http://weibo.com/njupco
微信服务号:njuyuexue
销售咨询热线:(025)83594756

前　　言

当前,以计算机技术为核心的信息技术飞速发展,计算机技术在国民经济和各行各业的应用越来越广泛。信息化时代要求大学生具有更丰富的计算机知识和更强的计算机应用能力,本课程更加注重学生灵活运用计算机解决实际问题的能力、熟练的操作技能以及创新思维的能力,帮助学生在学习和工作中,将计算机技术和专业紧密结合,更有效地应用于各专业领域。

本书是《Microsoft Office 高级应用教程》的配套实验教材,融合了最新版的全国计算机等级考试二级 MS Office 高级应用考试大纲和江苏省计算机等级考试二级 MS Office 高级应用考试大纲的基本要求,注重实践,强化应用,全面培养和提高学生应用计算机处理信息、解决实际问题的能力。主要内容包括五大部分:Word 2010 高级应用实验、Excel 2010 高级应用实验、Powerpoint 2010 高级应用实验、Access 2010 数据库应用实验和 Excel 的 VBA 应用实验。

本教材精心设计案例,以完成任务为目标,要求学生在实验过程中掌握操作技能,注重应用,步骤清晰,在每章后面配有综合练习。本书的理论教材《Microsoft Office 高级应用教程》由南京大学出版社同期出版。

本书由陆黎、王纪萍主编,具体编写分工如下:陆黎(第 1 章),王纪萍(第 2 章),彭爱梅(第 3 章),徐彬(第 4、5 章)。因时间仓促,尽管经过了反复修改,书中仍难免有疏漏和不足之处,望广大读者提出宝贵意见,以便修订时更正。

目　　录

第1章 Word 2010 高级应用实验

1.1 制作个人职业生涯规划书

当前,就业压力日趋激烈,作为当代大学生,要为自己的学习和职业做一个系统的规划,这样的规划应该从大一就开始,这样我们的人生才更加具有目标性,大学生活才会更加充实和圆满。

➤ **任务介绍**

大学生职业规划书是一个针对性较强的项目,要求结合自身特点来统一规划。现利用 Word 2010 在给定的模板中填写相应的内容,充分体现个人特色和目标,要求层次分明、目标突出、整体风格上统一,项目的主要目的是了解 Word 最基本的应用。具体任务有:① 创建 Word 文档,② 文件转换,③ 设置字体格式,④ 页面设置,⑤ 页眉页脚设置,⑥ 保存文档。

➤ **任务分析**

新建一个 Word 文档,将素材网页的数据转换成 Word 中的数据,并填入相应内容。对页面进行设置:左右页边距设置为 2.5 厘米,上下页边距设置为 3 厘米,每页行数 42,每行字数为 40;将文章的标题"个人职业生涯规划书"字体设置为楷体、二号字、加粗、居中显示。给文章插入页眉和页脚,页眉为"职业规划从大一开始",设置字体为楷体、五号字;页眉页脚均居中显示;将制作好的规划书保存在素材文件夹中,命名为"职业生涯规划书",保存类型为 RTF 格式(*.rtf)。

➤ **相关知识**
◇ 数据的格式转换
◇ 页边距的设置
◇ 文档网格的设置
◇ 字体格式设置
◇ 页眉页脚设置
◇ 文档的保存
➤ **任务实施**

1.1.1 创建 Word 文档

(1)启动 Word 程序。常用的启动 Word 程序方法有两种:一种是双击桌面的"Word 2010"快捷图标,如图 1-1-1 所示为 Word 2010 快捷图标;另一种方法是单击任务栏上的【开始】按钮,在弹出的"开始"菜单中选择【所有程序】,在"所有程序"菜单中选择【Microsoft Office】→

【Microsoft Office Word 2010】命令，如图 1-1-2 所示。

图 1-1-1　Word 2010 快捷图标

图 1-1-2　Word 2010 快捷图标

（2）打开的 Word 2010 程序界面如图 1-1-3 所示。

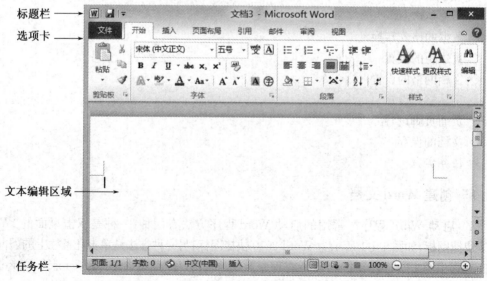

图 1-1-3　Word 2010 界面

（3）新建 Word 文档。选择选项卡中的【文件】→【新建】命令，如图 1-1-4 所示，还可以使用"Ctrl＋N"快捷键来新建一个 Word 文档。新建文档后，系统默认文件名为文档 1（第一次新建时的命名为文档 1，后面依次递增为文档 2……文档 N）。

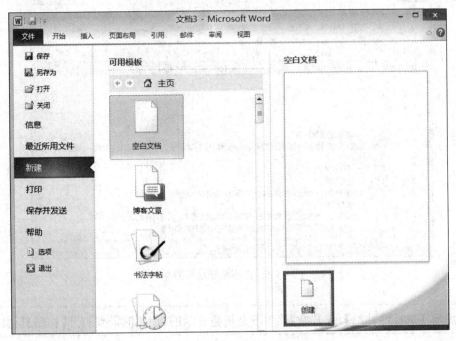

图 1-1-4　创建 Word 2010 文档

1.1.2　文件转换

（1）打开素材中的"index.html"文件，选中所有文字（或者按"Ctrl＋A"，全选所有文字），右键选择"复制"命令，回到新建的文档 1 中，选择【开始】选项卡中的【选择性粘贴】命令，如图 1-1-5 所示为"选择性粘贴"对话框。

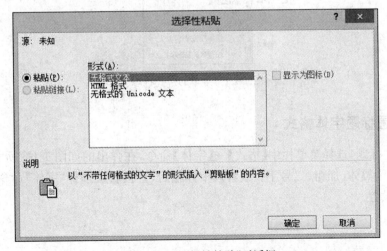

图 1-1-5　"选择性粘贴"对话框

（2）将选择的内容粘贴到 Word 文档中，效果如图 1-1-6 所示。

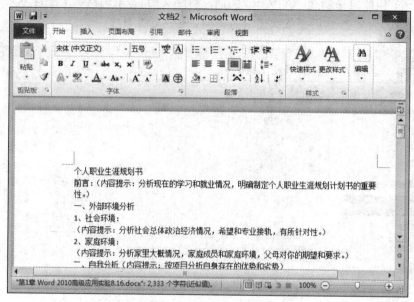

图 1-1-6   内容粘贴后的效果

提示：【选择性粘贴】在【开始】菜单下是折叠显示的，使用时需要打开【粘贴】折叠项。

在点击【粘贴】菜单的向下箭头时，就可以显示完整的菜单，如图 1-1-7 所示。

图 1-1-7   菜单的折叠状态

1.1.3   设置标题字体格式

（1）选中标题，选择菜单栏中【格式】→【字体】命令，在弹出的如图 1-1-8 所示的对话框中，修改字体为黑体、加粗、二号字。或者选中标题后，直接右键选择"字体"命令，进行如上所示的格式设置。

图 1-1-8　"字体"对话框

（2）选择工具栏上的 按钮，将标题文字居中显示，如图 1-1-9 所示。

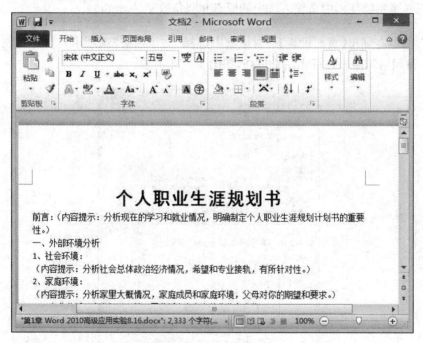

图 1-1-9　标题设置效果

1.1.4　页面设置

（1）选择选项卡中的【页面布局】→【页面设置】命令，在弹出的对话框中选择"页边距"选项卡，设置上下页边距为 2.5 厘米，左右页边距为 3 厘米，如图 1-1-10 所示。

图 1-1-10 设置页边距

> **提示：**可以使用每个文本框旁的上下小箭头进行修改，也可以直接修改其中的数字，注意尽量不要使用中文输入法中的原点和圆角数字。

（2）同样，在弹出【页面设置】的对话框中选择"文档网格"选项卡，选择"网格"下的"指定行和字符网格"，输入每行 42，每页 45，如图 1-1-11 所示。

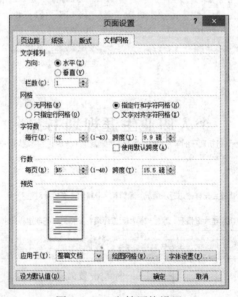

图 1-1-11 文档网格设置

> **提示：**"文档网格"选项卡中"指定行网格和字符网格"与"文字对齐字符网格"的使用有哪些区别？

　　两者都是对字符数和行数进行设置，但"文字对齐字符网格"选项中每行字符的跨度和每页行数的跨度是固定的，如图 1-1-11 所示，而"指定行网格和字符网格"可以自由调整字符数和行数，如图 1-1-12 所示。

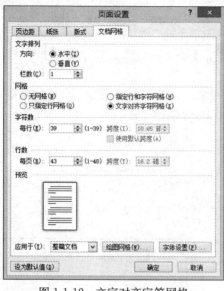

图 1-1-12　文字对齐字符网格

1.1.5　页眉页脚设置

　　(1) 选择选项卡中的【插入】→【页眉】→【编辑页眉】命令，此时文章处于页眉页脚输入状态，在页眉处输入"职业规划从大一开始"，选中上述文字，设置字体为华文楷体、五号字、居中显示，如图 1-1-13 所示。

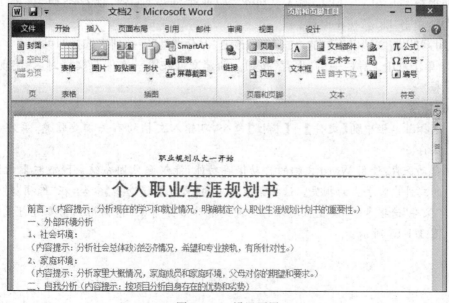

图 1-1-13　设置页眉

（2）选择选项卡中的【插入】→【页脚】→【编辑页脚】命令，光标单击页脚处，在【设计】选项卡中的【页码】→【页面底端】选择"普通数字 2"，如图 1-1-14 所示，最后点击【设计】选项卡上的"关闭页眉和页脚"按钮，返回到正文中，如图 1-1-14 所示。

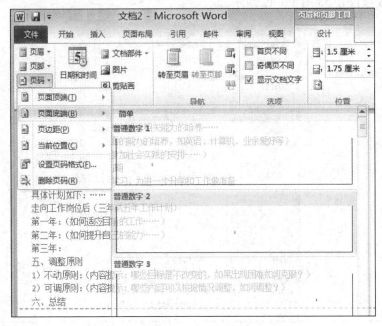

图 1-1-14　设置页码

1.1.6　保存文档

一篇文档经过输入并编排后，可以将其保存。保存的方法有多种。

（1）选择菜单栏中的【文件】→【另存为】命令，在弹出的对话框中，选择文档所要保存的位置（如素材\chap1\1.1\），输入文件名"职业生涯规划书"，保存类型为"RTF 格式（ * .rtf）"，单击"确定"按钮保存。

说明：可以将文档以不同的格式存盘，改变"保存类型"下拉列表选择即可。

（2）单击常用工具栏中的"保存"按钮。新建文件在第一次保存文档时，会出现"另存为"对话框。

知识拓展

- 选择菜单栏中的【文件】→【属性】命令，可输入文档的有关摘要信息，并在存盘时保存。
- 自动保存：使用 Word 文档的自动保存功能，能够避免因系统故障或机器故障带来的文件内容丢失的损失。选择菜单栏中的【文件】→【选项】命令，在"选项"对话框的"保存"选项卡中，设置自动保存时间间隔为 5 分钟（可根据用户需要进行设定），如图 1-1-15 所示。

图 1-1-15　自动保存选项

文件的扩展名

在计算机中,存在着不同类型的文件,可通过扩展名将其区分,例如:text. docx,docx 就是 Word 文档的默认扩展名,说明这是一篇 Word 文件,下面介绍几种常见的文件形式,见表 1-1-1 所示。

表 1-1-1　文件类型及扩展名

扩展名	文件类型	扩展名	文件类型
. txt	纯文本文件	. docx	Word 文件
. rtf	丰富格式文档	. xlsx	Excel 文件
. pptx	PowerPoint 文件	. htm/. html	网页文件

1.2　制作宣传版报

随着互联网的发展,信息的传播和公开越来越方便,如何有效地宣传我们的个人信息,已成为整个社会关注的热点问题。

➢ **任务介绍**

利用 Word 2010 制作一篇关于科普知识的宣传板报,为了突出主题,达到提醒和警示的作用,要求其中的标题用醒目的艺术字表示,插入相关图片,插于文本框和自选图形。

➢ **任务分析**

打开项目素材文件夹下"地球环境"和"可持续发展"两个文档,合并两文档并另存为"宣传小报"文档;给"宣传小报"加标题为"科普视野",并将标题字体设为华文行楷、一号字、字符间距缩放为 200%。

设置"地球环境"部分文字各段首行缩进 2 个字符,并设置分栏为 2 栏;设置"可持续发展"部分文字首段首字下沉 2 行;其余各段首行缩进 2 个字符;插入标题图片"Image1. gif",并设置其环绕方式为四周型,环绕位置为左对齐;加标题横线,设置线型为 3 磅,颜色为标准色橙色。右上角插入横排文本框,输入主办单位名称,字体设为宋体、小五号字,并将文本框格式设为无线条颜色;参照样张,在适当位置插入艺术字"地球环境祸患",艺术字样式为左起第 3 行第 2 列,字体为华文仿宋、小初,环绕方式设为紧密型,文本效果设为"紧密映像,接触";在适当位置插入图片"Image2. gif",设为四周型;使用竖排文本框给"可持续发展"部分文字加标题"可持续发展战略",字体设为华文彩云、小二号,版式设为四周型,边框为 3 磅主题色橄榄色虚线;在适当位置插入形状"云形标注",并输入"你知道吗?",环绕格式为紧密形,云形标注填充色为无填充,线条颜色为红色,线型宽度 1 磅;在云形标注附近适当位置插入竖排文本框,参照样张输入内容,版式为四周型;参考样张,给小报添加艺术型页面边框。

➢ 相关知识
◇ 艺术字格式的设置
◇ 替换命令的使用
◇ 图片格式的设置
◇ 文本框格式的设置
◇ 自选图形格式的设置
➢ 任务实施

1.2.1　合并文档

(1) 打开素材"地球环境",将光标定位在文档最后,选择【插入】选项卡的【文本】一栏中的【对象】→【文件中的文字】,如图 1-2-1 所示。

图 1-2-1　插入"对象"选项卡

(2) 在打开的对话框中,选择素材文档"可持续性发展",单击【插入】按钮,如图 1-2-2 所示。

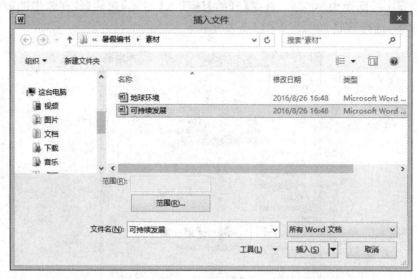

图 1-2-2　"插入文件"对话框

1.2.2　添加标题

（1）给小报添加标题。将光标置于文档开头，按下回车键，在新的一行输入"科普视野"，设置字体为华文行楷、一号字，如图 1-2-3 所示。

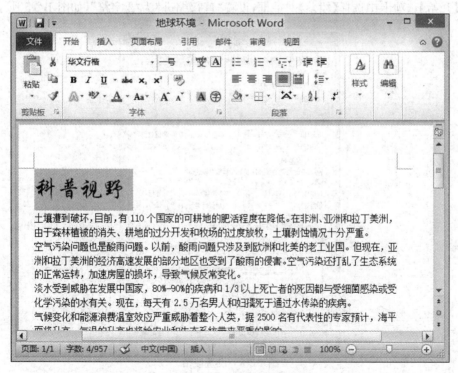

图 1-2-3　设置标题

（2）设置字符间距为 200％。选择【开始】选项卡【字体】对话框，在弹出的窗口中选择【高级】选项卡，选择缩放 200％，如图 1-2-4 所示。

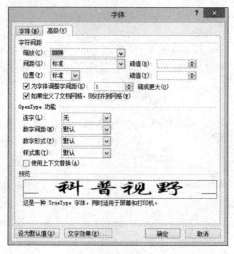

图 1-2-4　设置字体

1.2.3　基本格式设置

（1）设置"地球环境"部分文字各段首行缩进 2 个字符。选择"地球环境"文档部分内容，在【开始】选项卡中选择【段落】对话框，设置"首行缩进"为"2 字符"，如图 1-2-5 所示。

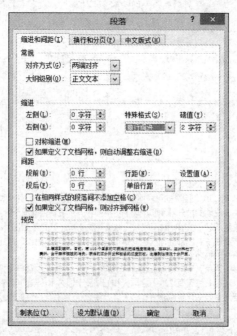

图 1-2-5　设置段落

（2）设置分栏。选择【页面布局】选项卡，选择"两栏"，如图 1-2-6 所示。

图 1-2-6　设置分栏

（3）设置"可持续发展"部分文字首段首字下沉 2 行。选中"所"字，选择【插入】→【首字下沉】→【首字下沉选项】，如图 1-2-7 和图 1-2-8 所示。

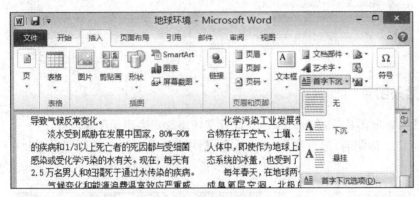

图 1-2-7　首字下沉工具栏

图 1-2-8　设置首字下沉

（4）其余各段首行缩进 2 个字符。选中其他段落，设置首行缩进 2 个字符，同步骤 1，效果如图 1-2-9 所示。

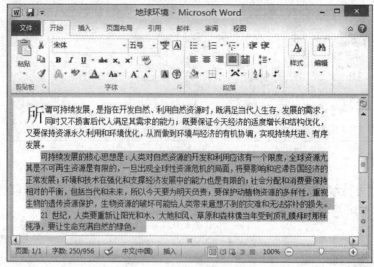

图 1-2-9　段落设置效果

1.2.4　插入图片

（1）插入标题图片"Image1. gif"，并设置其环绕方式为四周型。

将光标定于标题前，选择选项卡【插入】→【图片】，在素材中找到"Image1. gif"图片，如图 1-2-10 所示。

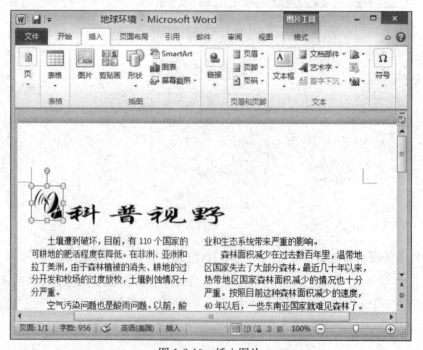

图 1-2-10　插入图片

（2）设置环绕方式。选中图片，右击鼠标，选择【大小和位置】，在弹出的对话框中选择【文字环绕】→【四周型】，如图 1-2-11 和图 1-2-12 所示。

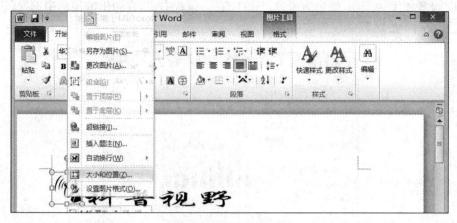

图 1-2-11　设置环绕方式

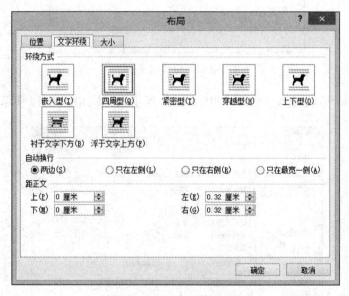

图 1-2-12　文字环绕选项卡

（3）将光标置于第一段文字前，选择【插入】→【形状】，选择线条中的"直线型"，即可在文档标题下方绘制一条直线，如图 1-2-13 所示。

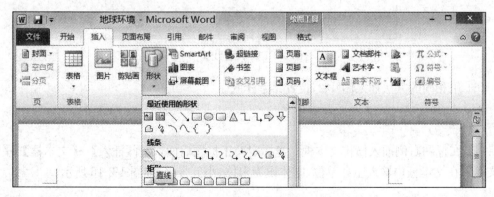

图 1-2-13　插入形状

（4）设置线型为 3 磅，颜色为橙色。选中直线，鼠标右击，在弹出的菜单中选择【设置线条格式】，如图 1-2-14 所示设置线条颜色。

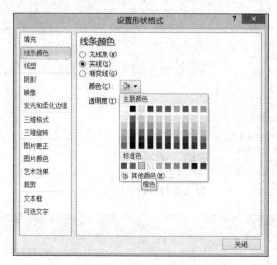

图 1-2-14　设置线条颜色

（5）再选择线型，宽度设为 3 磅，如图 1-2-15 所示，效果如图 1-2-16 所示。

图 1-2-15　设置线型

（6）用相同的方法插入图片 2，位置参考样张。

1.2.5　插入文本框

（1）在标题右侧插入横排文本框。光标定位于标题后面，选择【插入】→【文本框】→【绘制文本】，在文本框内输入主办单位，字体设为宋体、小五号字，如图 1-2-16 所示。

图 1-2-16　插入文本框

（2）将文本框格式设为无线条颜色。选中文本框，右击弹出菜单，选择【设置形状格式】，在弹出的窗口中选择线条颜色"无线条"，如图 1-2-17 所示。

图 1-2-17　设置线条颜色

（3）用同样的方法，插入竖排文本框，输入"可持续发展战略"，字体设为华文彩云、小二号，版式设为四周型，边框为 3 磅主题色橄榄色虚线，如图 1-2-18 所示。

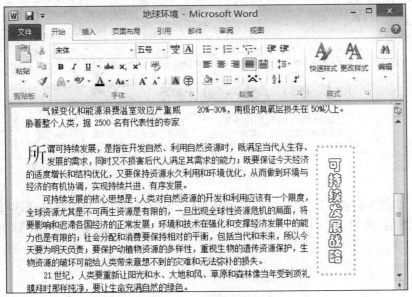

图 1-2-18　插入竖排文本框

1.2.6　插入艺术字

（1）光标定位在第 2 段，选择【插入】→【艺术字】，选择第 5 行第 3 列，在弹出的文本框中输入"地球环境祸患"。

（2）设置字体。选择【开始】选项卡，设置字体为华文仿宋、小初。

（3）设置环绕方式。选中艺术字，右键选择【其他布局选项】，或者选项【格式】→【自动换行】下的下拉三角，在弹出的窗口中选择"紧密型"，如图 1-2-19 和图 1-2-20 所示。

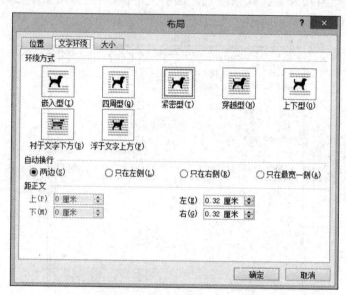

图 1-2-19　文字环绕方式

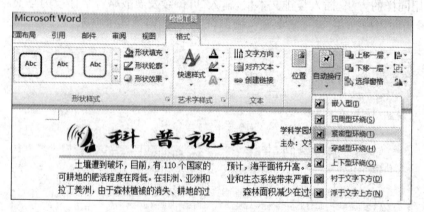

图 1-2-20　文字环绕方式

（4）文本效果设置。选中艺术字，右键选择【设置形状格式】，或者在格式选项卡中选择【形状样式】边的按钮，在弹出的对话框中选择【映像】→【预设】→【紧密映像】，如图 1-2-21 和图 1-2-22 所示。

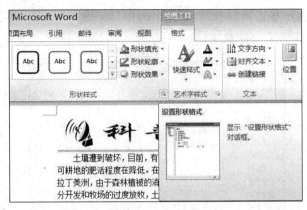

图 1-2-21　文本效果设置

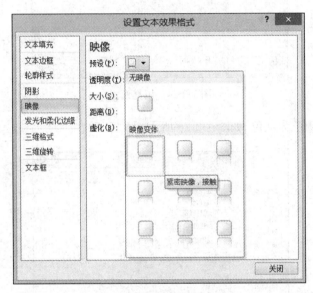

图 1-2-22　文本效果设置

1.2.7　插入图形

（1）在适当位置插入形状"云形标注"，输入"你知道吗?"。选择【插入】→【形状】，选择云形标注图，如图 1-2-23 所示。

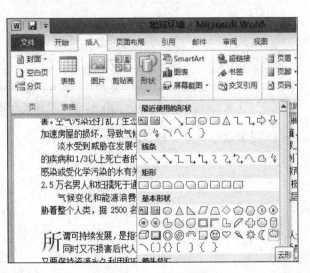

图 1-2-23　插入形状

（2）选中云形标注，单击鼠标右键，在弹出的窗口中选择"设置形状格式"，云形标注填充色选择"无填充"，如图 1-2-24 所示。

图 1-2-24　填充设置

（3）设置线条颜色为红色，如图 1-2-25 所示。

图 1-2-25　设置线条颜色

（4）设置线型宽度 1 磅，如图 1-2-26 所示。

图 1-2-26　设置线型

（5）设置完毕后，效果如图 1-2-27 所示。

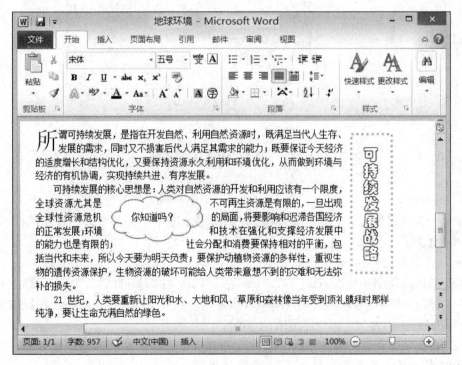

图 1-2-27　效果图

1.2.8　页面边框

（1）光标定位在文本中，参考样张，给小报添加艺术型页面边框。

选择【页面布局】→【页面边框】，如图 1-2-28 所示。

图 1-2-28　页面边框选项

（2）在弹出的面板中选择"艺术型"，如图 1-2-29 所示。

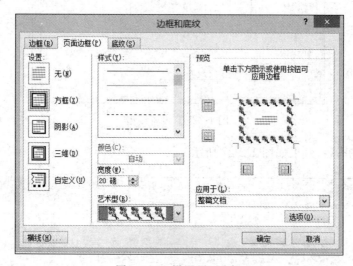

图 1-2-29　设置页面边框

1.3　论文的编辑排版

➢ 任务介绍

毕业论文是每位大学生毕业前都要撰写的，论文编辑排版虽然针对性较强，但这是一个很实用的任务。

➢ 任务分析

纸型：A4；页面距：上 2.5 cm、下 2.5 cm、左 2.5 cm、右 2 cm；页眉 1.5 cm；页脚 1.75 cm。

（1）标题为"摘要"（黑体、二号、居中），摘要内容字体全部宋体、小四号，首行缩进 2 字符，1.5 倍行距。关键词字体全部黑体、小四号。

（2）正文字体全部宋体、小四号，标准字符间距，首行缩进 2 字符，行距 1.5 倍。并调整每章的位置，每章开头另起一页。

（3）参考文献正文设置字体为宋体、五号、1.5 倍行距，参考文献单独占一页。

为论文中的图片按顺序在相应位置插入题注图 1、图 2、……（黑体、五号）。

设置章标题（如第 1 章……第 2 章……）和参考文献为一级标题（标题 1，黑体、小二号，居中，单倍行距，段前段后 0 磅）。

　　设置节标题(如 1.1……2.1……)为二级标题(标题 2,黑体、小三号,单倍行距,段前段后 0 磅)。

　　设置小标题(如 1.1.1……2.2.1……2.3.1……)为三级标题(标题 3,黑体、四号,单倍行距,段前段后 0 磅)。

　　(4) 自动生成目录(目录位于摘要页后面):

　　标题为"目录"(黑体、二号、居中);

　　章标题(黑体、四号);

　　节标题(宋体、四号);

　　第三级标题(楷体、四号);

　　页眉:封面、摘要和目录不加页眉,正文开始添加页眉,奇数页页眉:"金审学院毕业设计论文",宋体、五号、居中;偶数页页眉:"学生姓名:论文题目",宋体、五号、居中。

　　页脚:从论文正文开始插入页码,右侧对齐,起始页码为 1(封面、摘要和目录不加页码)。

　　(5) 插入"传统型"封面,内容参考样张。

➢ 相关知识

◇ 了解长文档编辑技巧

◇ 掌握样式的使用方法

◇ 掌握页眉和页脚的设置方法

◇ 掌握编辑题注的方法

◇ 掌握论文目录的创建方法

➢ 任务实施

1.3.1　设置纸张类型和页边距

　　(1) 选择【页面布局】→【页面设置】右侧的按钮,弹出【页面设置】对话框,设置纸型"A4",如图 1-3-1 所示。

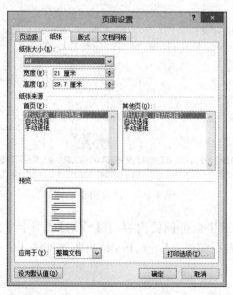

图 1-3-1　设置纸张类型

（2）切换到【页边距】选项卡，设置上 2.5 cm、下 2.5 cm、左 2.5 cm、右 2 cm；页眉 1.5 cm，页脚 1.75 cm，如图 1-3-2 所示。

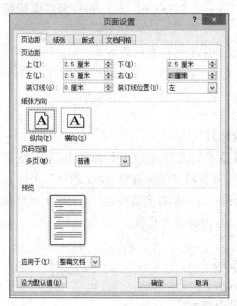

图 1-3-2　页面设置

1.3.2　论文字体、段落设置

（1）选中"摘要"，在【开始】选项卡中进行【字体】设置，黑体、二号、居中，如图 1-3-3 所示。

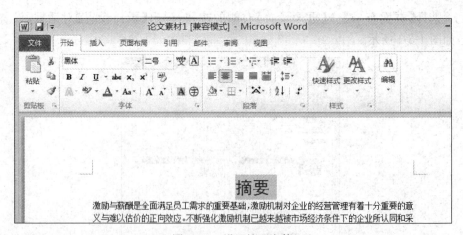

图 1-3-3　设置摘要字体

（2）设置摘要内容。选中全部摘要内容，在【开始】选项卡中进行【字体】设置，宋体、小四号，在【段落】中设置为首行缩进 2 字符、1.5 倍行距。如图 1-3-4 所示。

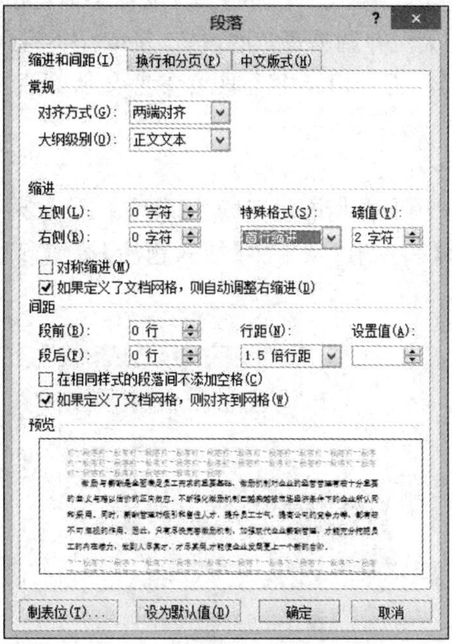

图 1-3-4　设置段落首行缩进

（3）选择摘要最下方的关键词，设置字体为黑体、小四号。

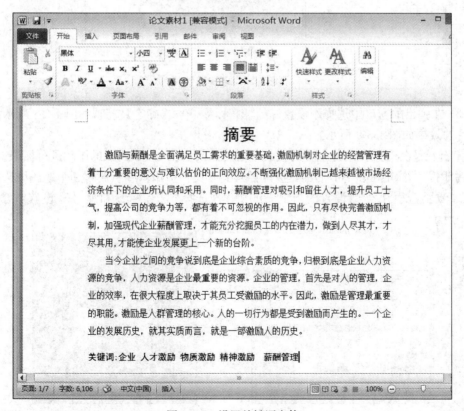

图 1-3-5　设置关键词字体

（4）用同样的方法设置正文格式。选中正文,设置字体:宋体、小四号,标准字符间距,首行缩进 2 字符,行距 1.5 倍。并调整每章的位置,每章开头另起一页。

（5）参考文献正文(宋体、五号、1.5 倍行距),参考文献单独占一页。

1.3.3　添加题注

（1）为论文中的图片按顺序在相应位置插入题注图 1、图 2……(黑体、五号),光标定位在图下方的文字之前,选择【引用】选项卡中【插入题注】按钮,弹出"题注"窗口,如图 1-3-6 所示。

图 1-3-6　插入题注

（2）选择新建标签,在标签中输入"图",如图 1-3-7 所示。

图 1-3-7　新建标签

（3）在弹出的窗口中选择刚设置好的"图"标签,单击【确定】按钮,如图 1-3-8 所示,设置完成后的效果如图 1-3-9 所示。

（4）设置完成后,在图片上方的文字中需要插入如图 1-3-9 所示的图片进行标识。使用"交叉引用",光标定位在"如"后面,选择【插入】→【交叉引用】,在引用哪一个题注里选择"图 1　人才激励",引用类型设置为"图",引用内容选择"只有标签和编号",设置方法如图 1-3-10 所示。

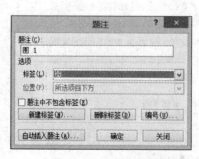

图 1-3-8　插入题注

图 1-3-9　效果图

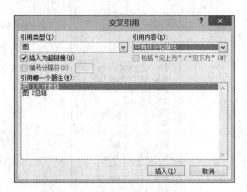

图 1-3-10　交叉引用对话框

1.3.4　添加论文目录

（1）选中文中的标题，如大标题"第一章……"，选择【开始】选项卡，在【字体】栏中设置字体为标题 1、黑体、小二号、居中，单倍行距，段前段后 0 磅。或者使用【格式刷】，将设置好的"摘要"两个字选中，双击格式刷 ，将此格式应用于标题，将光标定位在第一章之前，呈现 ⇧ 形状时，单击一次，此时标题"第一章……"就设置好了。如图 1-3-11 所示。

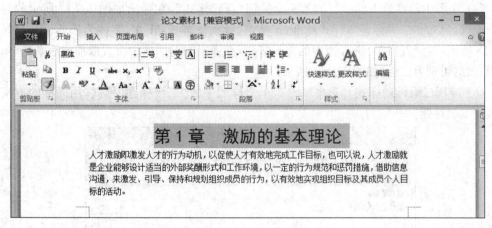

图 1-3-11　标题设置

（2）再将此格式刷在"第二章""第三章"……前面单击一次。整个文章的一级大标题就设置好了，设置完成后再点击一下格式刷按钮，则取消本次格式设置。

（3）设置节标题（如 2.1……）为二级标题。设置一级标题时已经使用了格式刷，在设置二级标题时，再介绍另一种方法，新建某种样式，然后将该样式应用于二级标题。选择【开始】选项卡中的【样式】，如图 1-3-12 所示。

图 1-3-12　新建样式

（4）在图中选择最下面一行的第一个按钮"新建样式"，在弹出如图 1-3-13 所示的对话框中设置名称为"二级标题"，样式基准：正文，后续段落样式：正文，字体为黑体、小三，如图 1-3-13 所示，再设置段落：选择图中的格式按钮，在弹出的对话框中设置段前段后 0 磅，单倍行距，大纲级别为二级，如图 1-3-14 所示。

（5）应用二级标题样式。选中"2.1"，单击样式中的"二级标题"样式，用同样的方法应用其他二级标题。

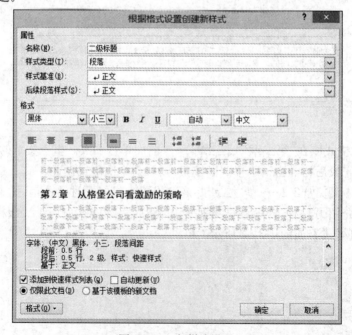

图 1-3-13　新样式设置

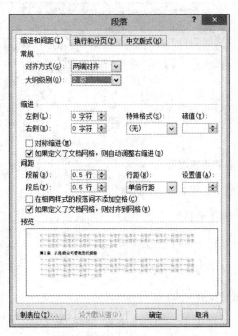

图 1-3-14　设置大纲级别

（6）设置小标题（如 2.3.1……）为三级标题。选中三级标题，设置字体为黑体、四号，单倍行距，段前段后 0 磅。

（7）自动生成目录（目录位于摘要页后面）：光标定位在"摘要"的最后一行，选择【页面布局】中的【分隔符】→【分页符】，如图 1-3-15 所示。

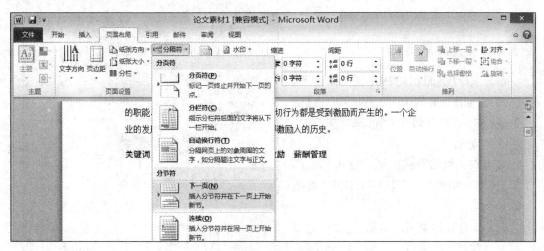

图 1-3-15　插入分节符

（8）在新建的节上输入"目录"，并设置字体为黑体、二号、居中。

（9）选择【引用】选项卡【目录】→【插入目录】，在弹出的面板中单击【确定】按钮，在排版目录中设置章标题字体为黑体、四号；节标题为宋体、四号；第三级标题为楷体、四号。设置完成的效果如图 1-3-16 所示。

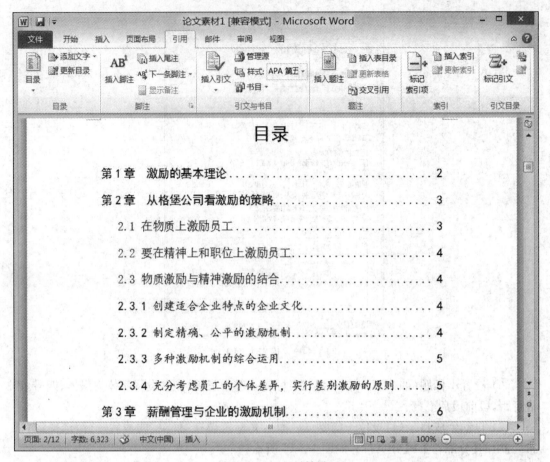

图 1-3-16　目录效果

1.3.5　设置页眉页脚

（1）选择【页面布局】中的【页面设置】按钮，弹出如图 1-3-17 所示的对话框，在【版式】选项卡中，在"奇偶页不同"选项前打勾。如图 1-3-17 所示。

或者双击页眉页脚区域，在【页眉页脚工具】选项卡中的【选项】组中，选中"奇偶页不同"。

（2）摘要和目录不加页眉，正文开始添加页眉。在目录的最后一行插入【分节符】。

（3）设置奇数页页眉。在正文双击文档的页眉区域，输入"金审学院毕业设计论文"，字体为宋体、五号、居中；在页眉页脚工具栏上，单击【链接到前一条页面】按钮，如图 1-3-18 所示。

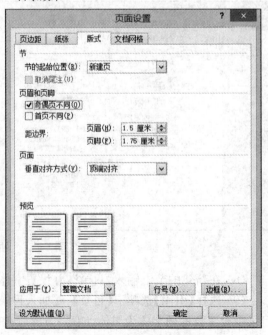

图 1-3-17　设置奇偶页不同

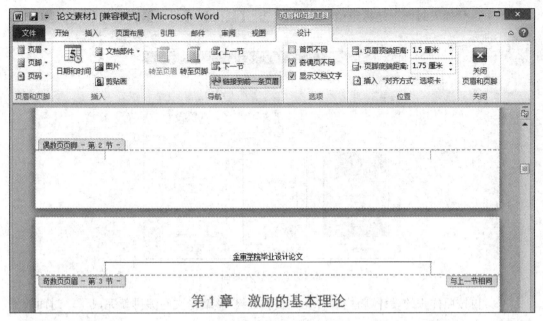

图 1-3-18　插入页眉

（4）设置偶数页页眉。光标移动到下一页页眉页脚区域，输入"学生姓名，论文题目"，字体为宋体、五号、居中。同样单击【链接到前一条页面】按钮。

（5）设置奇数页页脚。光标定位到正文的页脚区域，选择【页码】，在【页面底端】中选择"普通数字 3"，设置页码右侧对齐，起始页码为 1（封面、摘要和目录不加页码），如图 1-3-19 所示。

（6）设置偶数页页脚。光标定位到正文的第二页，在页脚区域选择【插入】→【页码】，在【页面底端】中选择"普通数字 3"，如图 1-3-20 所示。

图 1-3-19　设置页码格式

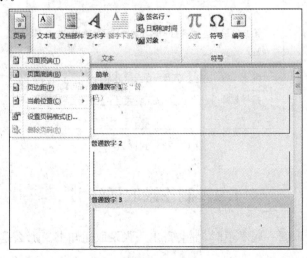

图 1-3-20　插入页码

（7）最后插入封面。光标定位在摘要前，选择【插入】→【封面】，再选择【传统型】，如图 1-3-21 所示。

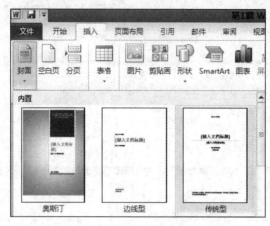

图 1-3-21　插入封面

（8）再按照样张的设计，将内容补充完整。最终，整篇论文的编排就完成了。封面效果如图 1-3-22 所示。

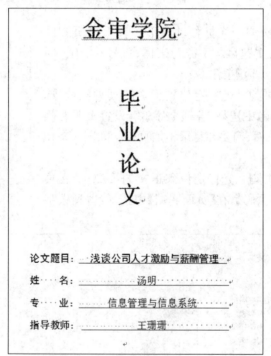

图 1-3-22　封面效果

1.4　制作录取通知书

现在，高校在录取新一届学生时，都会寄出一张录取通知书。那么是不是需要每一份通知书都手工填写呢？

➢ 任务介绍

　　制作录取通知书是一个针对性较强的项目,要求每个高校结合录取情况来进行统一的模板设置,利用 Word 2010 中的邮件合并功能,可以快速地完成录取通知书的制作。项目的主要目的是了解 Word 软件中高级应用部分。具体任务有:① 制作主文档,② 掌握邮件合并的功能,③ 插入数据,④ 插入域,⑤ 合并文档,⑥ 保存文档。

➢ 任务分析

　　先制作一个主文档作为模板,再使用邮件合并功能将主文档和数据进行合并,最后预览后合并主文档就可以完成任务。

➢ 相关知识

◇ 文档的设计

◇ 邮件选项卡的应用

◇ 域的应用

◇ 合并邮件

◇ 插入数据

◇ 文档的保存

➢ 任务实施

1.4.1　制作主文档

　　(1) 设置主文档页面。首先打开素材"录取通知主文档. docx"。设置页面大小为宽 21厘米、高 15 厘米。选择【页面布局】→【纸张大小】中的【其他页面大小】,在如图 1-4-1 所示的对话框中设置。

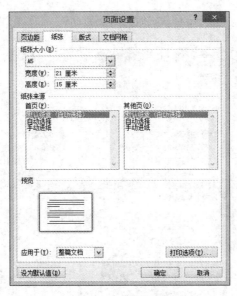

图 1-4-1　制作主文档

　　(2) 设置标题"金审学院录取通知"为隶书、一号、红色字体,居中对齐;通知书正文设为宋体、四号字体;招生办公室和日期设为宋体、四号字体,右对齐,段后 2 行间距,居中对齐。

（3）为了区别于其他学校的录取通知书，在制作的主文档上加上水印"金审学院"。选择【页面布局】→【页面背景】→【水印】→【自定义水印】，如图 1-4-2 所示。

（4）单击【确定】按钮，主文档就设置完成了。如图 1-4-3 所示。

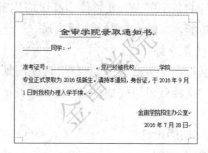

图 1-4-2　设置水印格式　　　　　　　图 1-4-3　设置录取通知书格式

（5）使用邮件合并功能，将主文档和数据源合并生成新的文档。在打开的主文档中，选择【邮件】选项卡中的【选择收件人】，如图 1-4-4 所示。

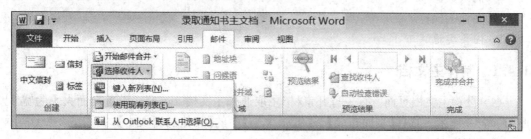

图 1-4-4　合并邮件

（6）导入"录取信息.exls"中的内容，如图 1-4-5 所示。

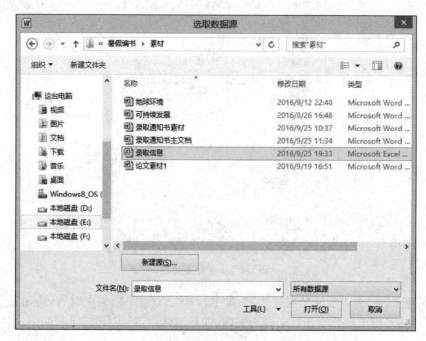

图 1-4-5　导入名单

(7) 选择"录用名单"工作表,如图 1-4-6 所示。

图 1-4-6　选择名单

(8) 选择内容,开始插入合并域,光标定位在"同学"前面的横线上,选择插入"姓名"。如图 1-4-7 所示。

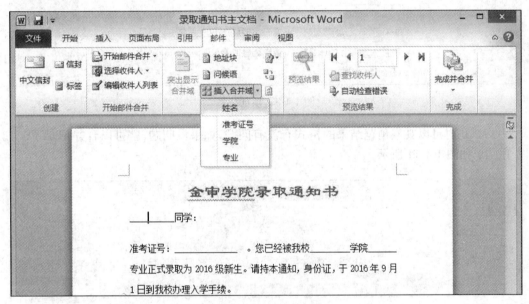

图 1-4-7　插入域

(9) 将光标定位在其他的三个横线上,插入相应的合并域。如图 1-4-8 所示。

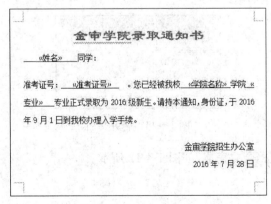

图 1-4-8　插入所有域

（10）点击"预览结果"预览效果，如图 1-4-9 所示。

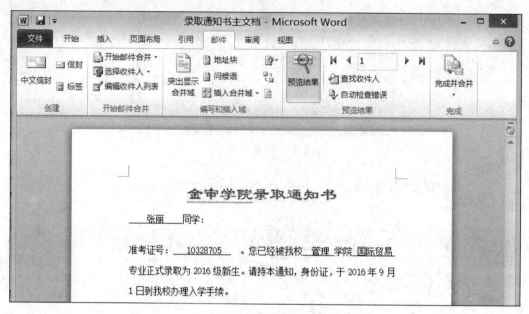

图 1-4-9　预览结果

（11）此时可以观察预览结果的格式有没有问题，如果没问题，就可以合并记录了。如图 1-4-10 和图 1-4-11 所示。

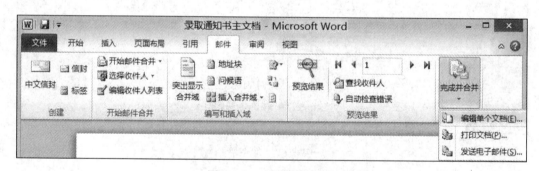

图 1-4-10　选择合并记录

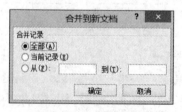

图 1-4-11　合并文档

（12）此时，全部文档合并完成，如图 1-4-12 所示。

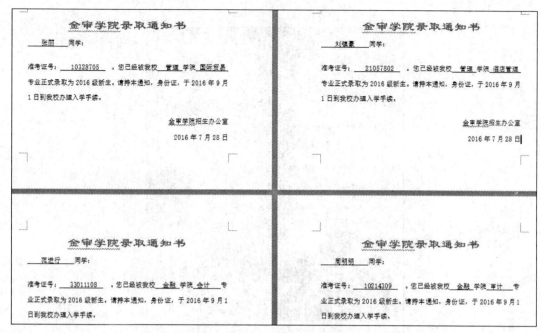

图 1-4-12　合并结果

13. 保存合并文件,将文件命名为"金审学院录取通知书.docx"。

综合练习一

制作"我爱学院"演讲比赛宣传海报

一、实训内容

(1) 创建一个名为"宣传海报"的新文档,海报中文字内容应包括比赛举办时间、地点、参加对象、报名方式等信息(可以自己设计,也可以利用搜索引擎搜索相关内容)。

(2) 设置海报背景,可以是图片、填充色、水印等多种形式。

(3) 自主设计海报布局,综合应用艺术字、文本框、图片、形状等对象进行图文混排,要求主题突出、能对演讲比赛起到宣传作用。

二、作品展示

综合练习二

论文设计排版

一、实训内容

1. 设计论文封面

封面偏上：金审学院（宋体、小初、加粗、居中）；

封面中间：毕业论文（宋体、小初、加粗、居中）；

封面中间偏下：论文题目、姓名、专业、指导教师等信息（黑体、四号、居中）。

2. 基本任务

（1）纸型：A4，页边距：上 2.5 cm、下 2.5 cm、左 2.5 cm、右 2 cm，页眉 1.5 cm，页脚 1.75 cm。

（2）字体设置如下：

① 中文摘要：标题"摘要"（黑体、二号、居中），关键词（黑体、小四号），外文摘要："ABSTRACT"（Times New Roman、二号、加粗、居中），"Key Words"（Times New Roman、小四号、加粗），中英文摘要正文设为宋体、小四号、1.5 倍行距。

② 正文字体设为宋体、小四号，标准字符间距，行距 1.5 倍。并调整每章的位置，每章开头另起一页。

③ 一级标题(章)1,2,3,……(黑体、小二号,居中,单倍行距);

二级标题 1.1,1.2,……2.1,2.2,……(黑体、小三号,单倍行距);

三级标题 1.1.1,1.1.2,……1.2.1,1.2.2,……(黑体、四号,单倍行距)。

④ 标题"致谢"(一级标题、黑体、小二号、居中),标题"参考文献"(一级标题、黑体、小二号、居中),参考文献正文(宋体、五号)。

(3) 为正文第 4 章中的图片按顺序在相应位置插入题注图 1、图 2、图 3。

(4) 自动生成目录:

标题"目录"(黑体、二号、居中);

章标题(黑体、四号);

节标题(宋体、四号);

第三级标题(楷体、四号)。

(5) 设置页眉:封面、摘要和目录不加页眉,正文开始添加页眉,页眉使用 StyleRef 域设置对章标题的引用(即页眉可随章标题自动变化)。

(6) 页码:页面底端(页脚)、右侧,封面、摘要和目录不加页码。

综合练习三

制作一张生日贺卡

一、实验内容

(1) 贺卡的页面大小为 18 厘米×13 厘米。

(2) 设置贺卡的主题为"华丽",背景的填充效果为"软木塞"纹理。

(3) 设置边框,如下图所示。

(4) 添加"爆炸型"自选图形,并设置图形的格式:线条颜色为"淡红色",填充效果为"编织物",版式为"浮于文字上方"。

(5) 插入艺术字"生日快乐!"作为标题,如图 3.26 所示。设置艺术字的线条颜色为"粉色",版式为"浮于文字上方"。

(6) 给"贺卡"插入"实验素材"文件夹中名为 3.3.jpg 的图片,调整图片的高度为9.6厘米,宽度为 14.2 厘米。设置图片为居中显示。

(7) 插入剪贴画 ▟,并调整大小,如右图所示。

(8) 插入文本框,并输入祝福语"悠悠的云里有淡淡的诗,淡淡的诗里有绵绵的喜悦,绵绵的喜悦里有我轻轻的祝福,生日快乐!"。文本框的线条设置为"无颜色",透明度为 100%,字体的颜色设置为"红色",字号为"小二号",字体为"华文行楷"。调整文本框的大小和位置,如右图所示。

第 2 章　Excel 2010 高级应用实验

2.1　制作学生信息表

学生在入校时,学校会对学生的信息做必要的登记,这样才能对学生情况做到基本的了解,在后期管理过程中才能有据可循。

➤ 任务介绍

我们通常可以从学生档案中获取很多学生信息,利用 Excel 将各种信息汇总后,进行基本的信息处理,制作成一张学生信息表,从而方便对学生基本情况的了解,并能做进一步的管理。完成该任务,首先要求对一些数据(如学号、姓名、身份证号等)进行输入;其次为了使表格更加美观,需要对信息表进行字体、边框等格式的设置,最后对工作表进行打印输出。本节将详细介绍如何运用 Excel 进行以上操作的方法。

➤ 任务分析

对于一个新建的 Excel 工作簿,首先要进行数据输入。文字和数值等数据只需在单元格中直接输入即可,对于有规律性的数据输入或者函数的复制,可以利用"填充柄"工具来实现。对于已经输入的原始数据,运用字体格式的设置和单元格格式的设置,可以达到美观的效果。

➤ 相关知识

◇ 工作簿和工作表的基本操作

◇ 不同数据的输入

◇ 行高、列宽的设置

◇ 边框、底纹的设置

◇ 单元格格式设置与数据格式的设置

◇ 工作表打印

➤ 任务实施

2.1.1　启动 Excel 2010

启动 Excel 2010 程序后的界面,如图 2-1-1 所示。

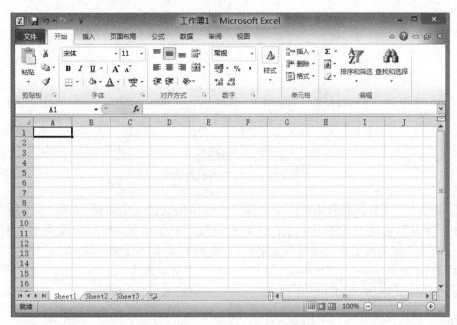

图 2-1-1   Excel 2010 的工作界面

知识拓展: Excel 窗口组成

1. 应用程序窗口

Excel 界面主要由标题栏、工具栏、编辑栏、状态栏等组成,如图 2-1-2 所示。

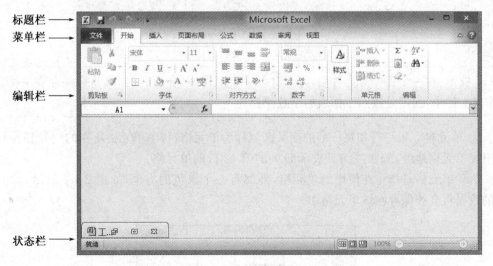

图 2-1-2   应用程序窗口

2. 工作簿窗口

① 工作簿   在 Excel 软件中用来储存并处理数据的文件称为工作簿。在一个工作簿中,可以有多张工作表,默认为三个,分别以 Sheet1、Sheet2、Sheet3 命名。在打开一个新工作簿文件时,会看到如图 2-1-3 所示的界面。缺省的工作簿名为"工作簿 1"。

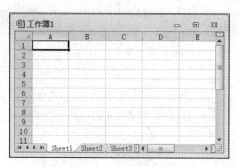

图 2-1-3 工作簿窗口

② 工作表 工作表是指由 65536 行和 256 列所构成的一个表格,如图 2-1-4 所示。行号是每一行左侧的阿拉伯数字,由上到下从"1"到"65536"编号,对应称为第 1 行、第 2 行……;列号是每一列上方的大写英文字母,由左到右采用字母编号从"A"到"IV",对应称为 A 列、B 列、C 列……

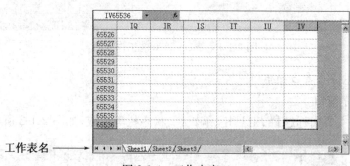

图 2-1-4 工作表窗口

> **提示:** 在一个工作簿文件中,无论有多少个工作表,在保存时,都将会保存在一个工作簿文件中,而不是按照工作表的个数保存。

③ 单元格 每一行和每一列的交叉区域称为单元格,每个单元格所在的列号和行号共同组成单元格地址,例如,"D12"表示 D 列的第 12 行的单元格。

活动单元格是指正在使用的单元格,外部有一个黑色的方框,如图 2-1-5 所示,此时输入的数据将会被保存在该单元格中。

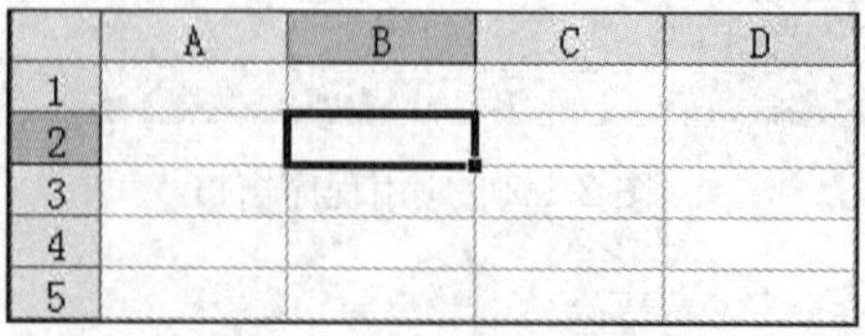

图 2-1-5 活动单元格

单元格区域是指若干个相邻单元格的集合。在表示单元格区域时,只需标明左上角和右下角的单元格名,中间用":"来连接即可。如"A1:B3",则表示由 A1、B1、A2、B2、A3、B3

六个单元格组成的区域。

　　由于一个工作簿文件可能会有多个工作表，为了区分不同工作表的单元格，要在地址前面增加工作表名称。例如："Sheet3！B8"表明此单元格是"Sheet3"工作表中的"B8"单元格。

> **提示：**工作表名与单元格之间必须用"！"号来分隔。如 Sheet3 工作表中的 F6 单元格表示为"Sheet3！F6"（不包括引号）。

2.1.2　数据输入

　　1. 打开"学生信息表.xlsx"，为班级学生编制学号，第一个学生的学号为"1223101"，然后学号依次递增。

　　（1）使用"填充柄"工具。具体操作方法如下：用鼠标单击 A2 单元格，在其中输入学号"1223101"。接着将光标对准 A3 单元格右下角的黑色小方块，当光标变成实心的"十"字时，按住鼠标左键，向下拖动鼠标，如图 2-1-6 所示。

　　（2）此时，在 A10 单元格的右下角出现一个"▣"图标，该图标为自动填充选项图标。用鼠标点击该图标，则弹出自动填充选项菜单，如图 2-1-7 所示。选择不同的选项，数据将会以不同的形式进行填充，此处应选择第二项"填充序列"，其他填充效果请读者自行尝试。

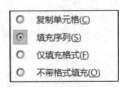

图 2-1-6　自动输入学号　　　　　图 2-1-7　自动填充选项菜单

　　知识拓展：采用填充序列方式自动填充数据

　　采用填充序列方式自动填充数据，可以输入等差或等比数列的数据。

　　① 在第一个单元格中输入起始数据。

　　② 选择【开始】主选项卡的【编辑】功能区，打开【填充】下拉菜单，单击【系列】命令，打开【序列】对话框，如图 2-1-8 所示。

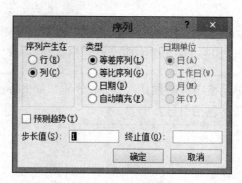

图 2-1-8　填充数据

③ 在【序列】对话框中，指定"列"或"行"，在【步长值】框中输入数列的步长，在【终止值】框中输入最后一个数据。

④ 单击【确定】按钮，则会在行上或列上产生定义的数据序列。

2. 在"学生信息表.xlsx"中，输入每个学生的 18 位身份证号码。

输入字符型数据（如以"0"开头的数字、长度大于等于 12 的数字）有两种方法：

（1）在需要输入数据的单元格右击，在弹出的快捷菜单中选择【设置单元格格式】命令，在弹出的对话框中选择【数字】选项卡，在【分类】栏中选择【文本】，如图 2-1-9 所示。

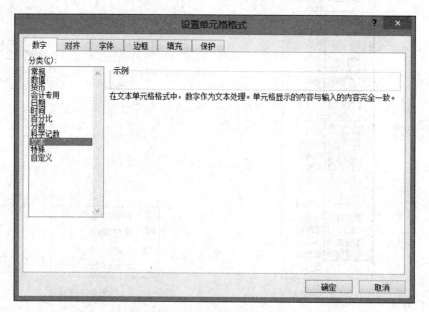

图 2-1-9　设置数字类型为文本

（2）在单元格中先输入一个半角单引号"'"，然后再输入数据。例如：要输入邮政编码 024006，方法是输入"'024006"（双引号不需要输入），然后按"Enter"键，此时单引号会自动消失。计算机会把带有单引号的数据自动转换为文本数据，文本数据将不具备数值数据的特性，不能进行运算等操作。

输入完身份证号，如图 2-1-10 所示。

学号	姓名	性别	身份证号
1223101	范青		320829199312240428
1223102	韩玉峰		341182199306084834
1223103	黄星		321322199310011428
1223104	李亮		320831199212282411
1223105	李新宇		320322199111174485
1223106	陆远		320381199206230048
1223107	吕竹韵		320722199202222624
1223108	彭轶可		320324199212070610
1223109	齐淼		321324199210050019
1223110	秦宣		320821199202241701
1223111	宣晓倩		320124199312283225
1223112	邬靖靖		320305199202161245
1223113	吴莹		320113199305216025
1223114	王馨		320113199304292421
1223115	向羽凡		320722199212087358
1223116	叶琪		321322199201014427
1223117	英奇		320831199208273416
1223118	张默停		321324199308254212
1223119	张云清		320324199306195940
1223120	周奇峰		321323199304051518

图 2-1-10　输入学生身份证号

3. 在"学生信息表.xlsx"中，为每个学生编制活动小组，要求按照"一组、二组、三组"的顺序进行随机编制。

（1）选择【文件】主选项卡的【选项】命令，打开【Excel 选项】窗口，单击【高级】项，选择【常规】区域，如图 2-1-11 所示。

图 2-1-11　编辑自定义列表选项

（2）定义自定义序列。单击【编辑自定义列表】按钮，打开【自定义序列】对话框，在【自定义序列】列表框中，选择【新序列】，在【输入序列】列表框中，依次输入序列中的每一项，"一组、二组、三组"，每项之间按回车键分隔，如图 2-1-12 所示。

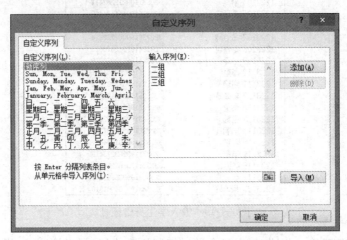

图 2-1-12　选择"新序列"并输入数据

（3）单击"添加"按钮，将用户自定义序列添加到【自定义序列】列表框中，如图 2-1-13 所示。

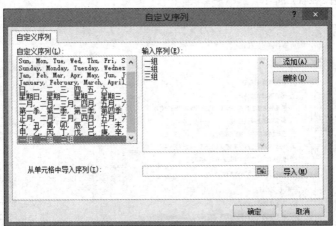

图 2-1-13　添加"新序列"到自定义序列

提示：也可以提前在工作表的空白区域输入序列值，然后点击"从单元格中导入序列"右侧的按钮，直接从工作表中选择序列值所在的区域，然后按"Enter"键。如图 2-1-14 所示。

图 2-1-14　从工作表中选择序列

（4）然后，用户即可使用该自定义序列。在"活动分组"列 F2 单元格中输入"一组"，然后利用填充柄进行填充操作，如图 2-1-15 所示。

学号	姓名	性别	身份证号	校区	活动分组
1223101	范青		320829199312240428	莫愁校区	一组
1223102	韩玉峰		341182199306084834	莫愁校区	二组
1223103	黄星		321322199310011428	莫愁校区	三组
1223104	李亮		320831199212282411	莫愁校区	一组
1223105	李新宇		320322199111174485	莫愁校区	二组
1223106	陆远		320381199206230048	莫愁校区	三组
1223107	吕竹韵		320722199202222624	莫愁校区	一组
1223108	彭铁可		320324199212070610	莫愁校区	二组
1223109	齐森		321324199210050019	莫愁校区	三组
1223110	秦宣		320821199202241701	莫愁校区	一组
1223111	宣晓倩		320124199312283225	莫愁校区	二组
1223112	邹靖清		320305199202161245	莫愁校区	三组
1223113	吴莹		320113199305216025	莫愁校区	一组
1223114	王磬		320113199304292421	莫愁校区	二组
1223115	向羽凡		320722199212087358	莫愁校区	三组
1223116	叶琪		321322199210014427	莫愁校区	一组
1223117	英奇		320831199208273416	莫愁校区	二组
1223118	张默停		321324199308254212	莫愁校区	三组
1223119	张云青		320324199306195940	莫愁校区	一组
1223120	周奇峰		321323199304051518	莫愁校区	一组

图 2-1-15　完成分组

提示：默认的自定义序列可以用填充柄直接填充。

① 在单元格中输入自定义序列中的一项数据，如"一月"。

② 将鼠标放在单元格右下角，鼠标变成实心的"十"字形状（即填充柄）。

③ 拖动鼠标，即可在拖动范围内的单元格中依次输入自定义序列的数据，例如：一月，二月，三月……如图 2-1-16 所示。

图 2-1-16　填充数据

4. 在"学生信息表. xlsx"中，利用数据有效性输入每个学生的性别，取值为"男"或"女"。

（1）选中 C2：C21 单元格区域，选择【数据】主选项卡的【数据工具】功能区，打开【数据有效性】下拉菜单，单击【数据有效性（V）】命令，打开【数据有效性】对话框。如图 2-1-17 所示。

图 2-1-17　选择"数据有效性"命令

（2）单击【设置】选项卡。在【允许（A）】选项列表中，选择【序列】选项，在【来源（S）：】编辑栏中输入"男,女"，注意中间的逗号为英文符号，单击【确定】按钮，完成设置，如图 2-1-18 所示。

（3）单击 C2 至 C21 的每一个单元格，此时，在单元格的右下角会出现选择按钮，选择"男"，即完成性别输入。如图 2-1-19 所示。

图 2-1-18　设置"数据有效性"规则　　　　图 2-1-19　填充性别

知识拓展：控制数据的有效性

数据有效性，用于定义可以在单元格中输入或应该在单元格中输入的数据类型、范围、格式等。可以通过配置数据有效性以防止输入无效数据，或者在录入无效数据时自动发出警告。数据有效性可以实现以下功能：

① 将数据输入限制为指定序列的值，以实现大量数据的快速输入，如性别为"男"或"女"。

② 将数据输入限制为指定的数值范围，如指定最大值最小值（成绩最小 0 分最大 100 分）、指定整数、指定小数、限制为某时段内的日期、限制为某时段内的时间等。

③ 将数据输入限制为指定长度的文本，如身份证号只能为 18 位文本。

④ 限制重复数据的出现，如学生的学号不能相同。

以上情况请读者自行尝试。

5. 将"信管 1 班"工作表中所有"莫愁校区"数据内容替换为"仙林校区"数据内容。

选中 A1:G21 数据区域，选择【开始】主选项卡的【编辑】功能区，单击【查找和选择】的下拉箭头，在下拉菜单中选择"替换"命令，打开【查找和替换】对话框，分别在"查找内容"和"替换为"选项框中输入"莫愁校区"和"仙林校区"，单击【全部替换】按钮，如图 2-1-20 所示，即可完成数据内容的替换操作。

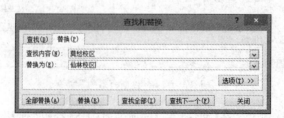

图 2-1-20　"查找和替换"对话框

2.1.3　工作表的美化

1. 将"Sheet1"工作表名称修改为"信管 1 班",并将标签颜色设置为紫色,隐藏 Sheet2 工作表、删除 Sheet3 工作表。

(1) 双击"Sheet1"工作表标签,将"Sheet1"工作表名称修改为"信管 1 班",如图 2-1-21 所示。

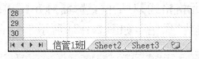

图 2-1-21　sheet1 重命名

(2) 右键单击"Sheet1"工作表标签,弹出快捷菜单,选择【工作表标签颜色】,从随后显示的颜色列表中选择"紫色",如图 2-1-22 所示。

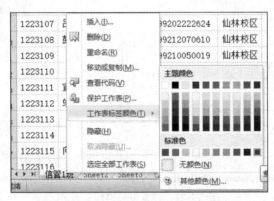

图 2-1-22　更改 sheet1 标签颜色

(3) 右键单击"Sheet2"工作表标签,弹出快捷菜单,选择"隐藏"命令。右键单击"Sheet3"工作表标签,弹出快捷菜单,选择"删除"命令。

2. 在"信管 1 班"工作表中标题行上方插入新的一行,合并 A1:G1 单元格区域并输入"2015 级信息管理 1 班花名册"数据内容,分两行显示,并将字体格式设置为黑体,字号为 16,颜色为深蓝色。设置信管 1 班工作表数据区所有文字字号大小为 11,文字在单元格中水平与垂直均居中对齐。

操作步骤:

(1) 右键单击行标签号"1",选中第一行数据,在弹出的菜单中,选择"插入"命令,插入新的空白行。

(2) 选中 A1:G1 单元格区域,选择【开始】主选项卡的【对齐方式】功能区,单击【合并后居中】的下拉箭头,在下拉菜单中选择"合并后居中"命令,将 A1:G1 单元格区域合并为 A1 一个单元格。

(3) 在 A1 单元格中输入"2015 级",按组合键"Alt＋Enter",换行输入"信息管理 1 班花名册"。

(4) 选中 A1 单元格,选择【开始】主选项卡的【字体】功能区,设置字体格式为"黑体",字号大小为"16"，字体颜色为深蓝色，适当拉大行高，以显示所有字符。如图 2-1-23 所示。

图 2-1-23   合并单元格输入标题

（5）选中 A2:G22 数据区域，选择【开始】主选项卡的【字体】功能区，字号大小为"11"。单击鼠标右键，打开【设置单元格格式】对话框，选择【对齐】选项卡，将"文本对齐方式"中"水平对齐"与"垂直对齐"均设置为"居中"，如图 2-1-24 所示。

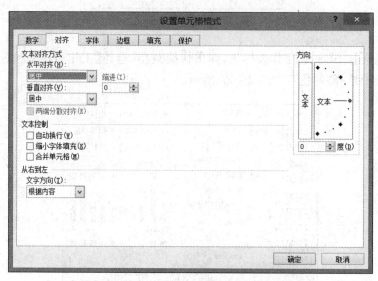

图 2-1-24   设置单元格居中对齐

3. 将"信管 1 班"工作表数据区域的行高设置为"20"，列宽根据单元格中的数据长度进行自动调整，并将"已交学费"列隐藏。

（1）选中 A2:G22 数据【区域】，选择【开始】主选项卡的【单元格】功能区，单击【格式】的下拉箭头，在下拉菜单中选择【行高】命令，打开【行高】对话框，设置行高为"20"，然后选择"自动调整列宽"命令，如图 2-1-25 所示。

（2）单击"已交学费"列，选择【开始】主选项卡的【单元格】功能区，打开【格式】下拉菜单，单击【隐藏和取消隐藏】菜单中的【隐藏列】命令，对"银行账号"进行隐藏，如图 2-1-26 所示。若要取消隐藏行或列，则选择【开始】主选项卡的【单元格】功能区，打开【格式】菜单，选择【隐藏和取消隐藏】菜单中的"取消隐藏行"或"取消隐藏列"命令。

图 2-1-25   设置数据区域单元格行高和列宽

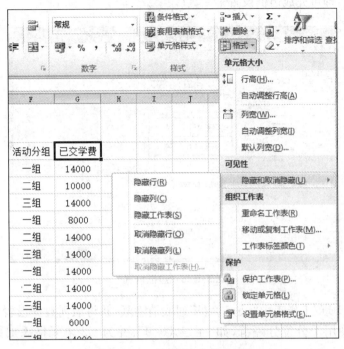

图 2-1-26　隐藏"已交学费"列

4. 为"信管 1 班"工作表表头行添加"白色背景 1,深度 50%"底纹。为工作表 A2:G22 数据区域添加内、外边框。

（1）单击行标签号"2"选中第二行数据区域,选择【开始】主选项卡的【字体】功能区,单击【填充颜色】按钮、选择"白色背景 1,深度 50%"颜色填充选项,如图 2-1-27 所示。

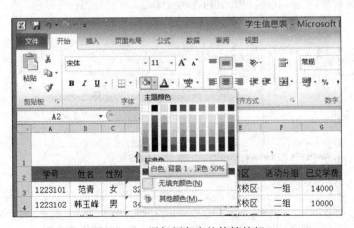

图 2-1-27　添加颜色底纹快捷按钮

（2）鼠标右键单击 A2:G22 数据区域,在弹出的菜单中选择【设置单元格格式】命令,打开【设置单元格格式】对话框。

（3）在【设置单元格格式】对话框中选择【边框】选项,在【线条】列表框中选择一个线条样式后,单击"外边框"和"内部"边框位置,如图 2-1-28 所示。设置边框样式和边框位置后,单击"确定"按钮,即可完成边框设置。

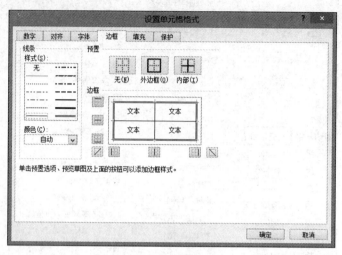

图 2-1-28 边框设置

5. 将"信管 1 班"工作表中"已交学费"列取消隐藏,并将该列数据设置为"货币"格式,保留 2 位小数,使用千分位分隔符,如"¥14000.0",并为 G2 单元格添加批注为"银行卡扣款"。

(1) 选择 G2:G22 数据区域,鼠标右键单击单元格,在弹出的快捷菜单中选择【设置单元格格式】命令,打开【设置单元格格式】对话框,单击【数字】选项卡,选择"货币",可以设置货币数据的小数位数、货币符号以及负数的显示格式等。

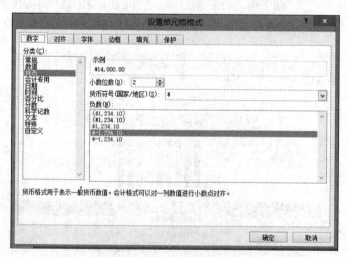

图 2-1-29 "设置单元格格式"对话框的"数字"选项卡

> **提示:**若单元格中出现一连串"#########"标记,通常表示单元格宽度不够,无法显示全部数据长度,这时可以加宽该列或改变数据格式。

(2) 右键单击"G2"单元格,在弹出的快捷菜单中单击【插入批注】命令。在"插入批注"

窗口中输入"请在此单元格中输入数据:银行卡扣款",如图 2-1-30 所示。鼠标右键单击 G2 单元格,选择"显示/隐藏批注",将批注显示或隐藏在工作表上。

图 2-1-30　为单元格插入批注

2.1.4　工作表的打印输出

1. 设置"冻结窗口",固定显示首行和前三列数据。

选中 D2 单元格,选择【视图】主选项卡的【窗口】功能区,打开【冻结窗格】下拉菜单,单击"冻结拆分窗格"命令,设置完成后,D2 单元格以上(首行)和左侧列(前三列)将固定显示,不随滚动条的移动而移动。

2. 设置纸张方向为"横向";纸张大小为"A4",设置上、下页边距为"2";设置左、右页边距为"1.5",居中方式为"水平"。

(1) 选择【页面布局】主选项卡的【页面设置】功能区,打开【页面设置】对话框,如图 2-1-31 所示。在【页面】选项卡中,将【方向】设置为"横向",【纸张大小】设置为"A4",【起始页码】设置为"自动"。

图 2-1-31　设置"页面"

(2) 在【页面设置】对话框的【页边距】选项卡中,设置"上"和"下"边距均为"2";设置"左"和"右"边距均为"1.4","居中方式"为"水平",如图 2-1-32 所示。

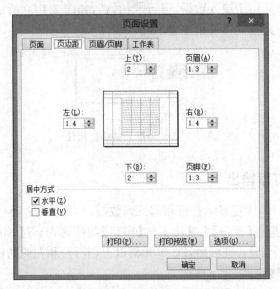

图 2-1-32 设置"页边距"

（3）设置【页面设置】后，在【页面设置】对话框的【页边距】选项卡中，单击【打印预览】按钮，查看打印效果，如图 2-1-33 所示。

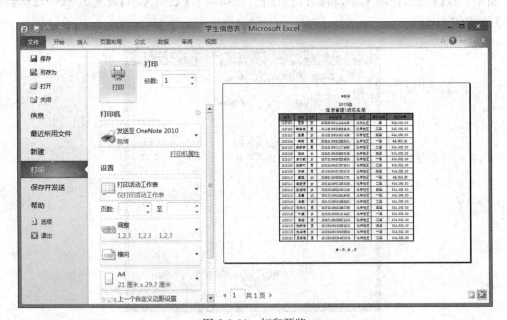

图 2-1-33 打印预览

提示：
　　当工作表纵向超过一页时，需要指定在每一页上都重复打印标题行或列，此时可在"页面布局"选项卡上的"页面设置"组中，单击"打印标题"按钮，打开"页面设置"对话框"工作表"选项卡，单击"顶端标题行"框右端的 ▦ 按钮，从工作表中选择要重复打印的标题行行号。

此外,还可以通过"页面设置"对话框的"页眉/页脚"选项卡来设置文档的页眉和页脚。

2.2　制作学生成绩表

每次考试结束后,教师都会对学生的考试成绩进行统计分析。通过对成绩的比对分析,可以更好地安排下阶段的教学工作,并对课程进行合理布置。

➤ 任务介绍

通常因班级的人数和开设课程的多少,使得需要分析的学生成绩较多,但对每门成绩的处理操作是相似的,因此需要用到多工作表的操作。将各科成绩汇总后,制作成一张学生成绩汇总表,从而方便对学生考试成绩的分析。完成该任务,首先要对各门成绩进行计算;其次汇总所有课程的总分,并根据成绩进行各项统计;同时,为了使成绩表中相关数据更加突出,需要对成绩表进行条件格式的设置。本节将详细介绍如何运用 Excel 进行以上操作的方法。

➤ 任务分析

对于多门课程的重复性操作,我们可以将多工作表形成工作组,进行格式设置和公式运算,这样将大大提高数据处理的效率。为体现 Excel 快速统计和计算数据的优点,可在表格中灵活运用函数和公式,实现对学生成绩的系统分析。

➤ 相关知识
◇ 多工作表操作
◇ 数学函数的使用
◇ 统计函数的使用
◇ 查找与引用函数的使用
◇ 公式的使用
◇ 单元格引用
◇ 数据统计
➤ 任务实施

2.2.1　多工作表操作

打开"学生成绩. xlxs",为"高数"工作表自动套用格式"表样式中等深浅 5",并将该样式全部应用到其他科目工作表中,统一设置各科目工作表行高均为 22 默认单位,列宽均为 14 默认单位。

(1) 选择"高数"工作表中 A1:H21 区域,在【开始】选项卡的【样式】组中,单击【套用表格格式】按钮,打开预制格式列表,从中选择"表样式中等深浅 5"样式,在弹出的对话框中选中"包含表标题"复选框(如图 2-2-1(a)所示),单击【确定】按钮。然后从【表格工具设计】选项卡上的【工具】组中单击【转换为区域】(如图 2-2-1(b)所示),从打开的对话框中,单击"是"按钮。

（a）   （b）

图 2-2-1　对选定的单元格区域套用格式并将其转换为区域

注意：自动套用格式只能应用在不包括合并单元格的数据列表中。

（2）选择连续的多张工作表：先选择"高数"工作表，然后按住"Shift"键不放，再单击"思政"工作表，被选中的工作表标签会反白显示，工作簿标题栏中会显示"学生成绩[工作组]"，如图 2-2-2 所示。

（a）   （b）

图 2-2-2　显示表工作组

> **提示**：如果按住"Ctrl"键，再依次单击需要的工作表，即可选择不连续的一组工作表；在某个工作表标签上单击鼠标右键，从弹出的快捷菜单中选择"选定全部工作表"命令，可以选择当前工作簿中的所有工作表。
>
> 当同时选择多张工作表形成工作表组合后，在其中一张工作表中所做的任何操作都会同时反映到其他工作组中。这样可以快速格式化一组结果相同的工作表，在一组工作表中输入相同的数据和公式等。

（3）在【开始】选项卡上的【编辑】组中，单击【填充】按钮，从下拉表中选择【成组工作表】命令，打开【填充成组工作表】对话框，如图 2-2-3 所示，从【填充】区下选择选择需要填充的项目，此处单击选择"格式"，单击【确定】按钮。

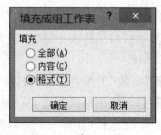

（a）   （b）

图 2-2-3　打开"填充成组工作表"对话框

（4）查看其他工作表中是否已填充了相关格式。继续进行其他填充，保持"高数"为当前工作表，设置 A1：H21 区域行高为"22"，列宽为"14"。

2.2.2　计算学生成绩

1. 利用工作表组合同时为各科目计算成绩，按照平时、期中、期末成绩各占 30％、30％、40％的比例计算每个学生每门课程的"学期成绩"，并填入相应单元格中。

保持"高数"为当前工作表，在 F2 单元格中输入公式"＝C2＊0.3＋D2＊0.3＋E2＊0.4"，利用填充柄将向下填充公式。此时公式计算将会同时反映到工作组的其他工作表中。

学号	姓名	平时成绩	期中成绩	期末成绩	学期成绩
1223101	范青	89	97	95	93.8
1223102	韩玉峰	100	94	96	96.6
1223103	黄星	98	88	95	93.8
1223104	李麦	93	92	95	93.5
1223105	李新宇	95	94	100	96.7
1223106	陆远	80	77	72	75.9
1223107	吕竹韵	97	91	98	95.6
1223108	彭轶可	74	66	79	73.6
1223109	齐森	92	100	98	96.8
1223110	綦宣	80	79	73	76.9
1223111	宣晓倩	90	97	95	94.1
1223112	郇靖靖	74	79	81	78.3
1223113	吴莹	71	89	77	78.8
1223114	王馨	87	94	96	92.7
1223115	向羽凡	81	82	93	86.1
1223116	叶琪	83	89	81	84
1223117	英奇	76	71	80	76.1
1223118	张默傅	89	86	83	85.7
1223119	张云清	99	93	100	97.6
1223120	周奇峰	91	94	88	90.7

图 2-2-4　利用公式计算学生成绩

> **提示：**在公式计算过程中，要保持工作组组合。单击组合工作表以外的任意一张工作表，或者从右键快捷菜单中选择"取消组合工作表"，则取消成组选择。

2. 按成绩由高到低的顺序统计每个学生的"学期成绩"排名并按"第 n 名"的形式填入"班级名次"列中。

保持"高数"为当前工作表，单击 G2 单元格，输入公式"＝"第"＆RANK(F2,F＄2：F＄21)＆"名""，利用填充柄向下填充公式。

学号	姓名	平时成绩	期中成绩	期末成绩	学期成绩	班级名次
1223101	范青	89	97	95	93.8	第5名
1223102	韩玉峰	87	94	96	92.7	第8名
1223103	黄星	98	88	95	93.8	第5名
1223104	李尧	93	92	95	93.5	第7名
1223105	李新宁	95	94	100	96.7	第2名
1223106	陆远	80	77	72	75.9	第17名
1223107	吕竹韵	97	91	98	95.6	第3名
1223108	彭铁可	74	66	79	73.6	第19名
1223109	齐淼	65	54	98	74.9	第18名
1223110	蔡童	80	79	73	76.9	第16名
1223111	宣晓倩	90	97	95	94.1	第4名
1223112	郗靖涛	74	79	81	78.3	第14名
1223113	吴萱	71	89	77	78.8	第13名
1223114	王鏊	87	94	96	92.7	第8名
1223115	向羽凡	81	82	93	86.1	第10名
1223116	叶琪	83	89	81	84	第12名
1223117	英奇	65	67	54	61.2	第20名
1223118	张默寒	89	86	83	85.7	第11名
1223119	张云清	99	93	100	97.6	第1名
1223120	周奇峰	91	50	88	77.5	第15名

图 2-2-5　利用 rank 函数进行排名

知识拓展：单元格引用

在公式中很少输入常量，最常用到的就是单元格引用。可以在单元格引用中引用一个单元格、一个单元格区域，也可引用另一个工作表或工作簿中的单元格或区域。

- 相对引用：与包含公式的单元格位置有关，引用的单元格地址不是固定地址，而是相对于公式所在单元格的相对位置，相对引用地址表示为"列标行号"，如 A1。默认情况下，在公式中对单元格的引用都是相对引用。例如：在 B1 单元格中输入公式"=A1"，表示的是在 B1 中引用紧邻它左侧的那个单元格中的值，当沿 B 列向下拖动复制该公式到单元格 B2 时，那么紧邻它左侧的那个单元格就变成了 A2，于是 B2 中的公式也变成了"=A2"。

- 绝对引用：与包含公式的单元格位置无关。在复制公式时，如果不希望所引用的位置发生变化，那么就要用到绝对引用，绝对引用是在引用的地址前插入符号"$"，表示为"$列号$行号"。例如，如果希望在 B 列中总是引用 A1 单元格中的值，那么在 B1 单元格中输入"=$A$1"，此时再向下拖动复制公式时，公式就总是"=$A$1"了。

- 混合引用：当需要固定引用行且允许列变化时，需要在行号前加符号"$"，例如，"=A$1"，当需要固定引用列且允许行变化时，在行号前加符号"$"，如"=$A1"。

- 三维地址引用：三维地址引用是在一个工作表中引用另一个工作表的单元格地址。引用方法是"工作表标签名！单元格地址引用"。例如，"Sheet1！A1""工资表！$B1""税率表！$E$2"。

- 名称：为了更加直观地引用标识单元格或单元格区域，可以给它们赋予一个名称，从而在公式或函数中直接引用。给单元格或单元格区域赋予名称的方法：选择需要命名的单元格或单元格区域，在名称框中输入名称，按回车键即可。如选中"高数"工作表的 F2:F21 区域，在名称框中输入"高数总评"，如图 2-2-6 所示，在 G2 单元格求名次时即可输入"=

"第"&RANK(F2,高数总评)&"名"",等同于输入""第"&RANK(F2,F＄2：F＄21)&"
名""。

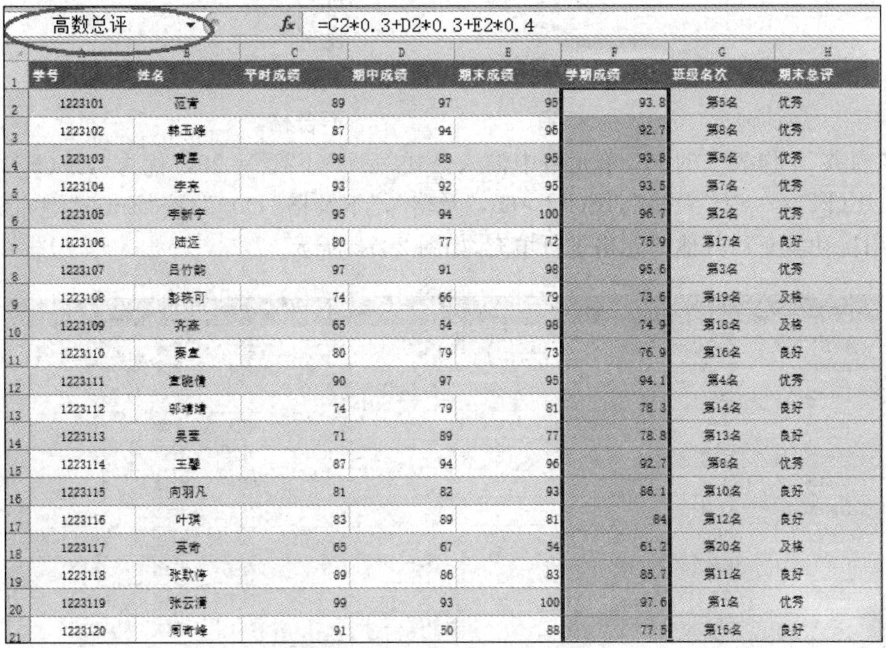

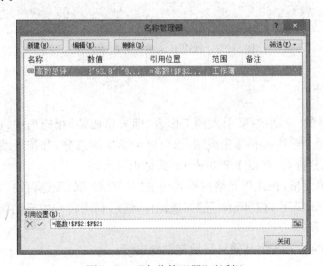

图 2-2-6　为单元格区域定义名称

　　删除单元格或单元格区域名称的方法：选择"公式"主选项卡的"定义名称"功能区,单击
"名称管理器"按钮,打开"名称管理器"对话框,如图 2-2-7 所示。选中需要删除的名称,单
击"删除"按钮即可。

图 2-2-7　"名称管理器"对话框

3. 按照下列条件填写"期末总评"

学期成绩期末总评

学期成绩	期末总评
≥90	优秀
≥75	良好
≥60	及格
<60	不合格

在"高数"工作表中的 H2 单元格中输入公式"=IF(F2>=90,"优秀",IF(F2>=75,"良好",IF(F2>=60,"及格",IF(F2>60,"及格","不及格"))))",按"Enter"键完成操作，然后利用自动填充对其他单元格进行填充，如图 2-2-8 所示。

学号	姓名	平时成绩	期中成绩	期末成绩	学期成绩	班级名次	期末总评
1223101	范青	89	97	95	93.8	第5名	优秀
1223102	韩玉峰	87	94	96	92.7	第8名	优秀
1223103	黄星	98	88	95	93.8	第5名	优秀
1223104	李亮	93	92	95	93.5	第7名	优秀
1223105	李新宇	95	94	100	96.7	第2名	优秀
1223106	陆远	80	77	72	75.9	第17名	良好
1223107	吕竹韵	97	91	98	95.6	第3名	优秀
1223108	彭跃可	74	66	79	73.6	第19名	及格
1223109	齐森	65	54	98	74.9	第18名	及格
1223110	蔡童	80	79	73	76.9	第16名	良好
1223111	童晓倩	90	97	95	94.1	第4名	优秀
1223112	郗靖涛	74	79	81	78.3	第14名	良好
1223113	吴萱	71	89	77	78.8	第13名	良好
1223114	王馨	87	94	96	92.7	第8名	优秀
1223115	向羽凡	81	82	93	86.1	第10名	良好
1223116	叶琪	83	89	81	84	第12名	良好
1223117	英奇	65	67	54	61.2	第20名	及格
1223118	张默倬	89	86	83	85.7	第11名	良好
1223119	张云倩	99	93	100	97.6	第1名	优秀
1223120	周奇峰	91	50	88	77.5	第15名	良好

图 2-2-8　利用 If 函数计算期末总评

2.2.3　成绩统计

1. 分别将各科的"学期成绩"引入到工作表"期末总成绩"相应列中，在工作表"期末总成绩"中依次引入每个学生各科学生成绩，求出每个学生的总分，并按成绩由高到低的顺序统计每个学生的总分排名，并以 1、2、3……形式标识名次。

（1）选择 C3 单元格，在该单元格内输入公式"=VLOOKUP(高数！$A2,高数！$A$2:$F$21,6,FALSE)"，按"Enter"键完成操作，然后利用自动填充功能将其填充至 C22 单元格，如图 2-2-9 所示。

（2）使用相同的的方法为其他科目填充学期成绩。

学号	姓名	高数	英语	计算机	思政
1223101	范青	93.8	76.2	90	76.9
1223102	韩玉峰	92.7	79.8	87.6	89.3
1223103	黄星	93.8	72.3	94.6	74.2
1223104	李克	93.5	84.5	93.6	86.6
1223105	李新宇	96.7	75.8	78	88.3
1223106	陆远	75.9	77.9	94.1	88.4
1223107	吕竹韵	95.6	89.6	90.5	84.4
1223108	彭缺可	73.6	68.9	78.7	93
1223109	齐淼	74.9	58.9	64.5	58.9
1223110	秦宣	76.9	80.5	75.6	67.1
1223111	宣晓倩	94.1	75.3	89.3	94
1223112	郜靖靖	78.3	67.6	77.2	79.6
1223113	吴莹	78.8	81.6	94	88.9
1223114	王馨	92.7	61.6	82.1	89.7
1223115	向羽凡	86.1	79.7	77	68.4
1223116	叶琪	84	62.2	93	89.3
1223117	英奇	61.2	61.2	61.2	61.2
1223118	张默停	85.7	76.8	96.1	74.3
1223119	张云清	97.6	70.5	91.9	85.3
1223120	周奇峰	77.5	57.4	83	70.9

图 2-2-9　引入各科成绩

（3）选择 G3 单元格，在该单元格内输入公式"＝SUM(C3：F3)"，按"Enter"键，然后利用自动填充功能将其填充至 G22 单元格，如图 2-2-10 所示。

（4）选择 I3 单元格，输入公式"＝RANK(G11,G$3:G$22)"，利用填充柄将向下填充公式。

学号	姓名	高数	英语	计算机	思政	总分	总分排名
1223101	范青	93.8	76.2	90	76.9	336.9	8
1223102	韩玉峰	92.7	79.8	87.6	89.3	349.4	4
1223103	黄星	93.8	72.3	94.6	74.2	334.9	10
1223104	李克	93.5	84.5	93.6	86.6	358.2	2
1223105	李新宇	96.7	75.8	78	88.3	338.8	7
1223106	陆远	75.9	77.9	94.1	88.4	336.3	9
1223107	吕竹韵	95.6	89.6	90.5	84.4	360.1	1
1223108	彭缺可	73.6	68.9	78.7	93	314.2	14
1223109	齐淼	74.9	58.9	64.5	58.9	257.2	19
1223110	秦宣	76.9	80.5	75.6	67.1	300.1	17
1223111	宣晓倩	94.1	75.3	89.3	94	352.7	3
1223112	郜靖靖	78.3	67.6	77.2	79.6	302.7	16
1223113	吴莹	78.8	81.6	94	88.9	343.3	6
1223114	王馨	92.7	61.6	82.1	89.7	326.1	13
1223115	向羽凡	86.1	79.7	77	68.4	311.2	15
1223116	叶琪	84	62.2	93	89.3	328.5	12
1223117	英奇	61.2	61.2	61.2	61.2	244.8	20
1223118	张默停	85.7	76.8	96.1	74.3	332.9	11
1223119	张云清	97.6	70.5	91.9	85.3	345.3	5
1223120	周奇峰	77.5	57.4	83	70.9	288.8	18

图 2-2-10　计算总分和排名

2. 在 C23：G23 单元格区域中，利用求平均值函数公式计算每科成绩的平均分。在 C24：G24 单元格区域中，利用求最大值函数找出每科成绩的最高分。在 C25：G25 单元格区域中，利用求最小值函数找出每科成绩的最低分。

操作步骤：

（1）在 C23 单元格中输入"＝AVERAGE(C3：C22)"，向右拖动鼠标填充函数，统计各科成绩的平均分。

（2）在 C24 单元格中输入"＝MAX(C3:C22)"，向右拖动鼠标填充函数，统计每科成绩的最高分。

（3）在 C25 单元格中输入"＝MIN(C3:C22)"，向右拖动鼠标填充函数，统计每科成绩的最低分，如图 2-2-11 所示。

学号	姓名	高数	英语	计算机	思政	总分
1223101	范菁	93.8	76.2	90	76.9	336.9
1223102	韩玉峰	92.7	79.8	87.6	89.3	349.4
1223103	黄星	93.8	72.3	94.6	74.2	334.9
1223104	李充	93.5	84.5	93.6	86.6	358.2
1223105	李新宇	96.7	75.8	78	88.3	338.8
1223106	陆远	75.9	77.9	94.1	88.4	336.3
1223107	吕竹韵	95.6	89.6	90.5	84.4	360.1
1223108	彭铁可	73.6	68.9	78.7	93	314.2
1223109	齐森	74.9	58.9	64.5	58.9	257.2
1223110	孙意	76.9	80.5	75.6	67.1	300.1
1223111	童晓倩	94.1	75.3	89.3	94	352.7
1223112	郗靖靖	78.3	67.6	77.2	79.6	302.7
1223113	吴亚	78.8	81.6	94	88.9	343.3
1223114	王馨	92.7	61.6	82.1	89.7	326.1
1223115	向羽凡	86.1	79.7	77	68.4	311.2
1223116	叶琪	84	62.2	93	89.3	328.5
1223117	英奇	61.2	61.2	61.2	61.2	244.8
1223118	张默侍	85.7	76.8	96.1	74.3	332.9
1223119	张云清	97.6	70.2	91.9	85.3	345.0
1223120	周奇峰	77.5	57.4	83	70.9	288.8
平均分		85.17	72.915	84.6	80.435	323.12
最高分		97.6	89.6	96.1	94	360.1
最低分		61.2	57.4	61.2	58.9	244.8

图 2-2-11　计算各科成绩平均分、最高分、最低分

3. 利用统计函数完成"成绩综合统计表"（如图 2-2-12 所示）。

操作步骤：

（1）在 L2 单元格中输入"＝COUNT(A3:A22)"，统计学生总人数。

（2）在 L3 单元格中输入"＝COUNTIF(G3:G25,">=350")"，统计总成绩大于(等于)350 分的人数。

（3）在 L4 单元格中输入"＝SUMIF(E3:E22,">90"))"，统计计算机成绩大于 100 分的计算机成绩之和。

（4）在 N4 单元格中输入"＝AVERAGEIF(D3:D22,"<60"")，统计英语成绩低于 100 分的英语平均成绩。

成绩综合统计表	
统计学生总人数	20
统计平均分大于350的人数	3
统计计算机高于90分的计算机总分	747.8
统计大学英语低于60分的英语平均分	58.15

图 2-2-12　成绩综合统计表

知识拓展

1. COUNTIF 函数——条件统计函数

【格式】COUNTIF(range，criteria)

【功能】返回统计区域满足条件的单元格个数。

【说明】Range(判断区域)必需，需要统计的一个或多个单元格区域，其中包括数字或名称、数组或包含数字的引用。空值和文本值将被忽略。Criteria(判断条件)必需，用于定义将对哪些单元格进行计数的数字、表达式、单元格引用或文本字符串。

2. SUMIF 函数——条件求和函数

【格式】SUMIF(range，criteria，[sum_range])

【功能】对区域中符合指定条件的值求和。

【说明】Range(判断区域)必需，用于判断条件的单元格区域。Criteria(判断条件)必需，用于确定对哪些单元格求和的条件，其形式可以为数字、表达式、单元格引用、文本或函数。Sum_range(求和区域)可选，要求和的实际单元格或单元格区域。当且仅当第一个参数(判断区域)和第三个参数(求和区域)完全重合，第三个参数(求和区域)可以省略。

3. AVERAGEIF 函数——带条件求平均值函数

【格式】AVERAGEIF(range，criteria，[average_range])

【功能】对区域中符合指定条件的值求平均值。

【说明】Range(判断区域)必需，用于判断条件的单元格区域。Criteria(判断条件)必需，用于确定对哪些单元格求和的条件，其形式可以为数字、表达式、单元格引用、文本或函数。Average_range(求平均值区域)可选，要求平均值的实际单元格或单元格区域。当且仅当第一个参数(判断区域)和第三个参数(求平均值区域)完全重合，第三个参数(求平均值区域)可以省略。AVERAGEIF 函数在判断条件中任何文本条件或任何含有逻辑或数学符号的条件都必须使用英文双引号(即")括起来。如果条件为数字，则无需使用英文双引号。AVERAGEIF 条件同样可以使用问号(即?)和星号(即 *)通配符。

2.2.4　条件格式

在工作表"期末总成绩"中分别用红色(标准色)和加粗格式标出各科第一名成绩。同时将大于 350 的总分成绩用浅蓝色填充。

(1) 选择 C3：C22 单元格，单击【开始】选项卡下【样式】组中的【条件格式】按钮，在弹出的下拉列表中选择【新建规则】选项，在弹出的对话框中将【选择规则类型】设置为"仅对排名靠前或靠后的数值设置格式"，然后将【编辑规则说明】设置为"前"和"1"。

(2) 单击【格式】按钮，在弹出的对话框中将【字形】设置为加粗，将【颜色】设置为标准色中的"红色"，单击两次【确定】按钮。按同样的操作方式为其他六科分别用红色和加粗标出各科第一名成绩。

图 2-2-13　设置新建规则

（3）选择 G3:G22 单元格，单击【开始】选项卡下【样式】组中的【条件格式】按钮，选择【突出显示单元格规则】，然后单击"大于"，在弹出的对话框中输入"350"，在【设置为】后面的选框中选择"自定义格式"，设置【填充效果】为"浅蓝"，如图 2-2-14 所示。

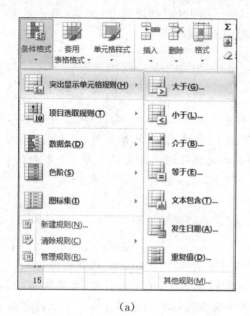

（a）

（b）

图 2-2-14　设置条件格式

2.3　计算员工工资

合理、妥善地管理员工的"工资表"是企事业单位必须做好的一项工作。工资表不仅可以清晰地记录员工的收入情况，还便于查找和分析每位员工的业绩，有利于更好地开展员工的管理工作。

➤ 任务介绍

员工工资水平与其职位、工作年限相关，因此首先需要获取员工的相关资料，利用 Excel 导入外部数据，获取员工档案。根据员工的原始信息对其他相关信息进行完善，并计算员工的工龄，得出其工龄工资，从而计算出员工的基础工资。最后对员工的工资水平进行相关统计，了解其工资水平与职位、学历和工作年限的关系。

➤ 任务分析

将以制表符分隔的文本文件"员工档案.txt"导入到工作表"员工档案"中，在工作表"员工档案"中。利用公式及函数依次输入每个员工的性别"男"或"女"，根据身份证号提取员工生日，将员工身份证号码的后四位用" ****"代替，并获取身份证号的前六位数字。根据入职时间，计算员工的工龄，工作满一年才计入工龄，计算员工的工龄工资，并计算每个人的基础工资。最后对工资表进行必要的统计。

➤ 相关知识

◇ 导入文本文件

◇ 文本函数的使用

◇ 逻辑函数的使用

◇ 日期时间函数的使用

➢ 任务实施

2.3.1　导入外部数据

1. 打开"工资表. xlxs",将以制表符分隔的文本文件"员工档案. txt"自 A1 单元格开始导入到工作表"员工档案"中,注意不要改变原始数据的排列顺序。

（1）打开"工资表. xlxs",选择"员工档案"工作表,单击 A1 单元格。

（2）在【数据】选项卡上的【获取外部数据】组中,单击【自文本】按钮,打开如图 2-3-1 所示"导入文本文件"对话框。

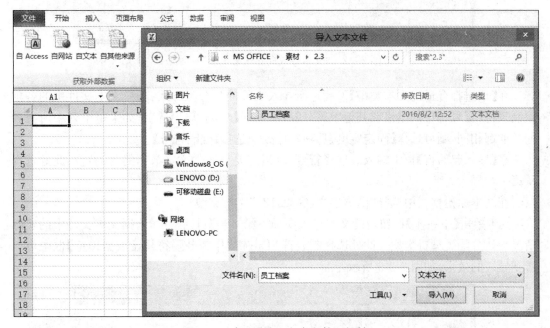

图 2-3-1　打开"导入文本文件"对话框

（3）选择导入文件存放的位置,选中"员工档案. txt"文件。单击【导入】按钮,进入如图 2-3-2 所示"文本导入向导—第 1 步"对话框。

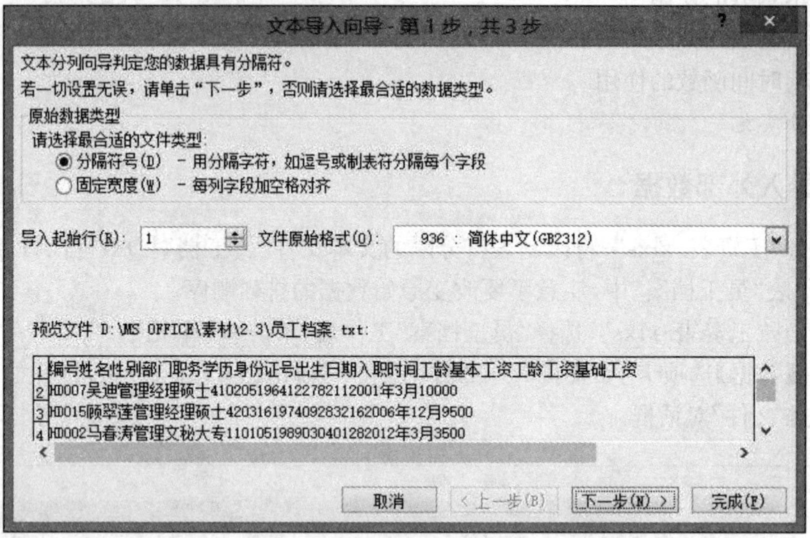

图 2-3-2　"文本导入向导—第 1 步"对话框

在【请选择合适的文本类型】下确定所导入文件的列分隔方式：如果文本文件中的各项以制表符、冒号、分号、空格或其他字符分隔，应选择【分隔符号】选项；如果每个列中所有项的长度都相同，则可选择【固定宽度】选项。此处应选择【分隔符号】。

在【导入起始行】框中输入或选择行号，以指定要导入的文本数据的第一行。此处选择从第一行导入。

在文本原始格式中选择"简体中文（GB2312）"文本类型。

（4）单击【下一步】按钮，在【文本导入向导—第 2 步】对话框中，依据文本文件中的实际情况确认分隔类型符类型。此处选择制表符"Tab 键"作为分隔符号，【数据预览】框中可以看到导入的效果，如图 2-3-3 所示。

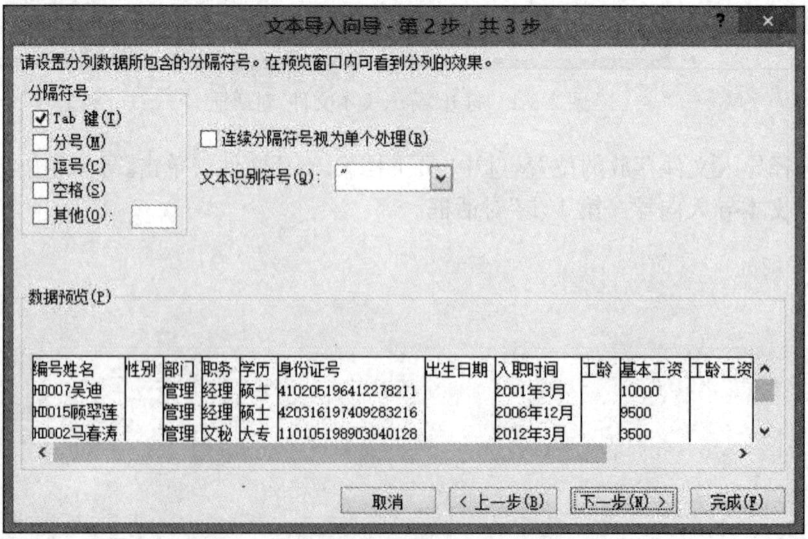

图 2-3-3　"文本导入向导—第 2 步"对话框

(5) 单击【下一步】按钮,进入如图 2-3-4 所示的【文本导入向导—第 3 步】对话框,在该对话框中为每列数据指定数据格式,默认情况下均为"常规"。如果不想导入某列,可在该列上单击然后选中"不导入此列(跳过)"选框。此处,选择"身份证号"列,设置格式为"文本",其他保持不变。

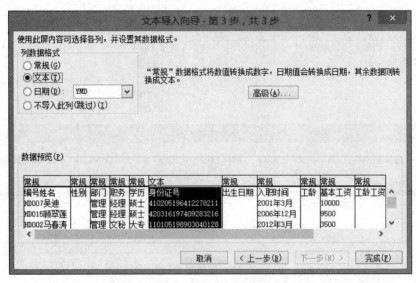

图 2-3-4 "文本导入向导—第 3 步"对话框

(6) 单击【完成】按钮,打开如图 2-3-5 所示的【导入数据】对话框,指定数据放置在工作表上的起始位置。此处选择"现有工作表"的 A1 单元格。单击【确定】,文本文件将会导入到工作表中。

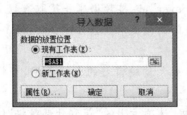

图 2-3-5 "导入数据"对话框

(7) 取消与外部数据的连接:默认情况下,所导入的数据与外部数据源保持连接关系,当外部数据源发生改变时,可以通过刷新来更新工作表中的数据。断开该连接的方法:在【数据】选项卡的【连接】组中,单击【连接】按钮,打开【工作簿连接】对话框。在列表框中选择要取消的连接,单击右侧的【删除】按钮,从弹出的提示框中单击【确定】按钮,即可断开导入数据与源数据之间的连接。如图 2-3-6 所示。

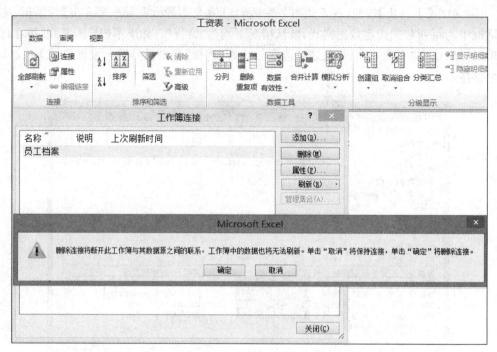

图 2-3-6 "工作簿连接"对话框

知识拓展：向 Excel 中导入其他类型的数据

- Acess 数据库数据：在"数据"选项卡上的"获取外部数据"组中，单击"自 Acess"按钮，依次在对话框中选择数据库文件，设置显示方式及位置。
- SQL Sever 数据库文件：在"数据"选项卡上的"获取外部数据"组中，单击"自其他来源"，选择"来自 SQL Sever"，连接数据库并获取数据文件。SQL Sever 是功能完备的关系数据库程序，专门面向要求最佳性能、可用性、可伸缩性和安全性的企业范围的数据解决方案。
- 网页文件：各类网站上有大量编辑好的表格数据，可将其导入 Excel 工作表中进行统计分析。
- 其他来源数据：在"数据"选项卡上的"获取外部数据"组中，单击"自其他来源"按钮，在下拉列表中选择其他来源。

2. 将第一列数据从左到右依次分成"员工编号"和"姓名"两列显示。

（1）在"性别"列前插入一个空列，在"编号"与"姓名"之间插入一个空格，然后选择 A1：A36 单元格区域。

（2）选择【数据】主选项卡的【数据工具】功能区，单击【分列】按钮，打开【文本分列向导—第一步】对话框，在【请选择最合适的文件类型】选项中，选中"固定宽度"选项，单击【下一步】按钮，完成第一步操作，如图 2-3-7 所示。

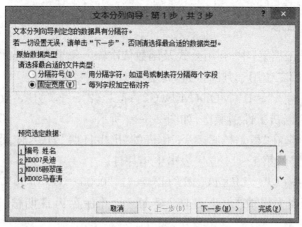

图 2-3-7　文本分列向导第一步

（3）在【文本分列向导—第二步】对话框的【数据预览】区域内"HD007"和"吴迪"之间用鼠标单击建立分列线，单击【下一步】按钮，完成第二步操作，如图 2-3-8 所示。

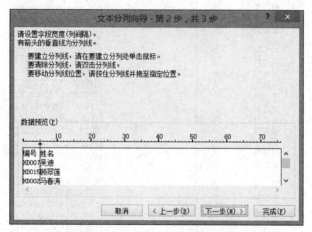

图 2-3-8　文本分列向导第二步

（4）在【文本分列向导—第三步】对话框中，选择【列数据格式】为"常规"，如图 2-3-9 所示。单击【完成】按钮，原 A 列数据拆分成两列，分别存放在 A 列与 B 列中。

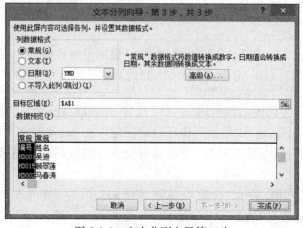

图 2-3-9　文本分列向导第三步

2.3.2　完善员工信息

1. 在工作表"员工档案"中,利用公式及函数依次输入每个员工的性别"男"或"女"。其中:身份证号的倒数第二位用于判断性别,奇数为男性;偶数为女性。

在 C2 单元格中输入"=IF(MOD(MID(G2,17,1),2)=1,"男","女")",向下填充函数完成根据"身份证"判断员工性别操作,如图 2-3-10 所示。

2. 根据身份证号,在"员工档案表"工作表的"出生日期"列中,使用身份证号提取员工生日。其中:身份证号的第 7～14 位代表出生年月日。

在 H2 单元格中输入"=TEXT(MID(G2,7,8),"0000-00-00")",向下填充函数完成从 G 列"身份证"一列中提取"出生日期"至 H 列,并保存为日期格式操作,如图 2-3-11 所示。

	A	B	C
1	编号	姓名	性别
2	HD007	吴迪	男
3	HD015	马春涛	男
4	HD002	顾翠莲	女
5	HD013	周旭华	男
6	HD017	曾令煊	女
7	HD008	刘英	女
8	HD003	孙少民	男
9	HD004	杨成林	男
10	HD005	吴梅	女
11	HD006	林勇	男
12	HD009	王小芳	女
13	HD010	张志宏	男
14	HD011	黄高原	男
15	HD012	钟丽珍	女
16	HD014	李晓东	男
17	HD016	张新民	男
18	HD018	毛志敏	女
19	HD019	许婷	女
20	HD020	马鸿涛	男
21	HD021	李启韵	女
22	HD022	曲艳丽	女
23	HD023	陈祁	男
24	HD024	张晨	女
25	HD025	赵莹	女
26	HD026	刘阳	男
27	HD027	何军	男

图 2-3-10　MID、MOD、IF 函数嵌套
使用判别性别

身份证号	出生日期
410205196412278211	1964-12-27
420316197409283216	1974-09-28
110105198903040128	1989-03-04
370108197202213159	1972-02-21
110105196410020109	1964-10-02
110102197305120123	1973-05-12
310108197712121139	1977-12-12
372208197510090512	1975-10-09
110101197209021144	1972-09-02
110108197812120129	1978-12-12
551018198607311126	1986-07-31
372208197310070512	1973-10-07
410205197908278231	1979-08-27
110106198504040127	1985-04-04
610308198111020379	1981-11-02
327018198310123015	1983-10-12
110103198111090028	1981-11-09
210108197912031129	1979-12-03
302204198508090312	1985-08-09
110106197809121104	1978-09-12
110107198010120109	1980-10-12
412205196612280211	1966-12-28

图 2-3-11　TEXT 和 MID 文本函数嵌套使用
提取满足日期格式的出生日期

> **提示:**如果要以"xxxx 年 xx 月 xx 日"的形式显示出生日期,可以在 H2 单元格中输入公式"=MID(G2,7,4)&"年"&MID(G2,11,2)&"月"&MID(G2,13,2)&"日""。

3. 将员工身份证号码的后四位用"****"代替,并获取身份证号的前六位数字。

(1) 单击 N1 单元格,输入"替换身份证号后四位",在 N2 单元格中输入"=REPLACE(G2,15,4,"****")",向下填充函数,完成将身份证号码最后四位替换为"*"操作,如图 2-3-12所示。

(2) 单击 O1 单元格,输入"获取身份证号前四位",在 O1 单元格中输入"=LEFT(G2,6)",向下填充函数,如图 2-3-13 所示。

N
替换身份证号后四位
41020519641227****
42031619740928****
11010519890304****
37010819720221****
11010519641002****
11010219730512****
31010819771212****
37220819751009****
11010119720902****
11010819781212****
55108819860731****
37220819731007****

图 2-3-12　REPLACE 替换文本
字符串函数应用

O
获取身份证号前六位
410205
420316
110105
370108
110105
110102
310108
372208
110101

图 2-3-13　LEFT 在文本字符串左侧
提取字符函数应用

2.3.3　工资计算

1. 根据入职时间,在"员工档案表"工作表的"工龄"列中,计算员工的工龄,工作满一年才计入工龄。

在"员工档案"表的 J2 单元格中输入"＝INT((TODAY()－I2)/365)",表示当前日期减去入职时间的余额除以 365 天后再向下取整,按"Enter"键确认,然后向下填充公式至最后一个员工。

H	I	J
出生日期	入职时间	工龄
1964-12-27	2001年3月	15
1974-09-28	2006年12月	9
1989-03-04	2012年3月	4
1972-02-21	2003年8月	13
1964-10-02	2001年6月	15
1973-05-12	2001年10月	14
1977-12-12	2003年7月	13
1975-10-09	2003年7月	13
1972-09-02	2001年6月	15
1978-12-12	2005年9月	10
1986-07-31	2010年5月	6
1973-10-07	2006年5月	10
1979-08-27	2011年4月	5
1985-04-04	2013年1月	3

图 2-3-14　求员工工龄

知识拓展:取整函数之间的区别

- INT(number):向下取整函数。将指定数值 number 向下舍入到最接近的整数,number 为必须的参数。例如:"＝INT(8.9)"表示向下舍入到最接近的整数,结果为 8;"＝INT(－8.9)"表示将－8.9 向下舍入到最接近的整数,结果为－9。
- ROUND(number,num_digits):四舍五入函数。将指定数值 number 按指定的位数 num_digits 进行四舍五入。例如,"ROUND(25.7825,2)"表示将数值 25.7825 四舍

五入到小数点后两位。

- TRUNC(number,[num_digits])：取整函数。将指定数值 number 的小数部分截去，返回整数。num_digits 为取整精度，默认为 0。例如：“=TRUNC(8.9)”表示取 8.9 的整数部分，结果为 8；“=TRUNC(-8.9)”表示取-8.9 的整数部分，结果为 -8。

2. 引用“工龄工资”工作表中的数据来计算“员工档案表”工作表员工的工龄工资，在“基础工资”列中，计算每个人的基础工资(基础工资＝基本工资＋工龄工资)。

(1) 在“员工档案”表的 L3 单元格中输入“=j2 * 工龄工资! ＄B＄3”，按“Enter”键确认，然后向下填充公式至最后一个员工。

J 工龄	K 基本工资	L 工龄工资
15	10000	750
9	9500	450
4	3500	200
13	12000	650
15	18000	750
14	15000	700
13	12000	650
13	5600	650
15	5600	750
10	6000	500
6	4000	300
10	5500	500
5	5000	250

图 2-3-15　求员工工龄工资

(2) 在 M3 单元格中输入“=K2＋L2”，按“Enter”键确认，然后向下填充公式至最后一个员工。

2.3.4　工资统计

根据“员工档案”工作表中的工资数据，完成工资表“统计报告”，如图 2-3-16 所示。

(1) 在 B2 单元格中输入“=COUNTIF(员工档案! J2:J36,">=10")”，统计工龄在 10 年以上的人数。

(2) 在 B3 单元格中输入“=COUNTIFS(员工档案! J2:J36,">=5",员工档案! J2:J36,"<10")”，统计工龄在 5 至 10 年的员工人数。

(3) 在 B4 单元格中输入“=SUMIFS(员工档案! M2:M36,员工档案! E2:E36,"经理")”，统计职务为经理的基础工资总额。

> 提示：如果使用 Sumif 函数，则公式可编写为“=SUMIF(员工档案! E2:E36,"经理",员工档案! M2:M36)”。

(4) 在 B5 单元格中输入“=SUMIFS(员工档案! M2:M36,员工档案! J2:J36,">5",员工档案! J2:J36,"<=10")”，统计工龄在 5 年以上(不含 5 年)10 年以下(含 10 年)基础工资之和。

图 2-3-16　完成统计报告

（5）在 B6 单元格中输入"＝AVERAGEIFS（员工档案！K2：K36，员工档案！F2：F36，"本科"，员工档案！D2：D36，"研发"）"，统计该企业研发部门本科生平均基本工资。然后为 B6 设置单元格格式，将单元格类型设置为"数值"，并保留 2 位小数。

2.4　完善销售统计

对产品的销售情况进行分析是一个企业核算盈利与否的重要环节，从分析市场消费行为得出的规律，可以把握一个企业产品和发展的未来走向，为下一步制定生产决策提供有利的依据。

➢ 任务介绍

对于一个企业来说，因销售而产生的数据量是庞大的，这些数据汇总到一起后，有时会达到几千行的长度。这时，可以运用 Excel 中的排序、筛选、分类汇总和数据透视表等功能，根据不同的需求，方便、快捷地对数据进行整理和分析。本节将详细介绍排序、筛选、分类汇总和数据透视表的创建方法。

➢ 任务分析

首先通过 Excel 排序、筛选功能对数据做基本的选择。用"分类汇总"功能，对数据进行分析，按要求进行汇总。本次任务要求对各团队的销售金额用求和、计数等方式进行汇总。最后运用"数据透视表"对数据进行分析，不仅可以用不同的方式进行汇总，而且还可以直观地显示各项数据。

➢ 相关知识

◇ 快速排序与高级排序的使用

◇ 简单筛选与高级筛选的使用

◇ 分类汇总的使用

◇ 数据透视表的应用

➢ 任务实施

2.4.1　数据排序

1. 打开"产品销量表. xlxs"，对"季度销售统计"工作表按照销售总量的降序进行排列。

（1）选择要排序的列中某个单元格，此处单击"销售总量"所在单元格 H1，在【数据】选项卡中的【排序和筛选】功能区，点击如图 2-4-1 所示的快速简单排序按钮。

图 2-4-1　快速简单排序按钮

（2）单击【降序】按钮，可以对光标所在列进行降序排序排列。按照"销售数量"降序排序的结果如图 2-4-2 所示。

员工编号	销售团队	姓名	一季度销售量	二季度销售量	三季度销售量	四季度销售量	销售总量
DF014	销售B队	王清华	96	94	99	92	381
DF003	销售A队	张惠	90	95	96	99	380
DF010	销售B队	倪冬声	92	93	98	97	380
DF008	销售B队	刘康锋	95	90	90	98	373
DF015	销售B队	谢如康	92	89	89	97	367
DF006	销售A队	李燕	90	94	90	90	364
DF012	销售C队	苏解放	98	81	99	82	360
DF013	销售A队	孙玉敏	98	87	85	90	360
DF002	销售A队	陈万地	83	88	97	91	359
DF016	销售C队	李启勋	88	86	86	98	358
DF017	销售C队	曲艳丽	94	82	99	81	356
DF005	销售B队	吉祥	86	85	93	87	351
DF007	销售A队	李娜娜	90	93	84	83	350
DF004	销售B队	闫朝霞	89	96	83	81	349
DF011	销售C队	齐飞扬	99	86	80	82	347
DF001	销售A队	包宏伟	81	81	96	85	343
DF009	销售C队	刘鹏举	83	87	88	83	341

图 2-4-2　按照"销售总量"降序排序的结果

2. 在"季度销售统计"工作表中先按照"销售团队"升序排序，对"销售团队"相同的记录，再按照"销售总量"降序排序。

（1）将光标定位在数据清单中的某个单元格上。

（2）选择【数据】主选项卡的【排序和筛选】功能区，单击【排序】按钮，打开【排序】对话框，如图 2-4-3 所示。

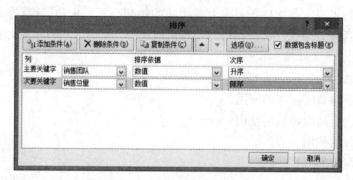

图 2-4-3　"排序"对话框

（3）在【排序】对话框中，在【主要关键字】下拉列表中选择"销售团队"，选定其右边的【升序】单选按钮。设置一个条件后，单击【添加条件】按钮，设置次要条件。在【次要关键字】下拉列表中选择"销售总量"，选定其右边的【降序】单选按钮。

（4）选定"数据包含标题"单选按钮，单击"确定"按钮返回，完成排序。

　　在排序时,可以指定多个排序条件,即多个排序的关键字。首先按照"主要关键字"排序;对主要关键字相同的记录,再按照"次要关键字"排序;对主要关键字和次要关键字相同的记录,还可以按第三关键字进行排序。

知识拓展

(1) 排序的规则:

- 数字型数据按照数字大小顺序;
- 日期型数据按照日期的先后顺序;
- 文本型数据排序的规则:将文本数据从左向右依次进行比较,比较到第一个不相等的字符为止,此时字符大的文本的顺序大,字符小的文本的顺序小。对于单个字符的比较,按照字符的 ASCII 顺序,基本规则是空格＜所有数字＜所有大写字母＜所有小写字母＜所有汉字。

(2) 在 Excel 2010 中,还可以按照单元格背景颜色或字体颜色进行排序。如图 2-4-4 所示。

图 2-4-4　在"排序"对话框选择排序依据

　　(3) 除"升序"与"降序"外,也可以按照自定义列表进行排序,如图 2-4-5 所示。不过,只能基于数据(文本、数值以及日期或时间)创建自定义列表,而不能基于格式(单元格颜色、字体颜色)等创建自定义列表。创建自定义序列的方法在 2.1.2 节已经进行了详细介绍。

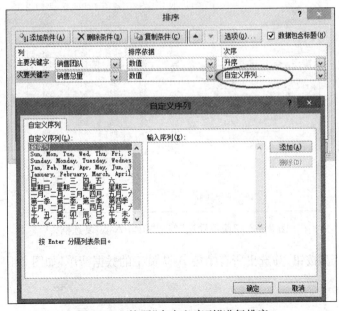

图 2-4-5　按照"自定义序列"进行排序

2.4.2 数据筛选

1. 在"销量数量统计"工作表中，通过"自动筛选"筛选出"销售 A 队"二季度成绩低于 90 的数据清单。

（1）选择【数据】主选项卡的【排序和筛选】功能区，单击【筛选】按钮，如图 2-4-6 所示。

图 2-4-6　"简单筛选"菜单

（2）在工作表第一行每个标题位置会出现下拉菜单按钮，如图 2-4-7 所示。

	A	B	C	D	E	F	G	H
1	员工编号	销售团队	姓名	一季度销售	二季度销售	三季度销售	四季度销售	销售总量
2	DF003	销售A队	张惠	90	95	96	99	380
3	DF006	销售A队	李燕	90	94	90	90	364
4	DF013	销售A队	孙玉敏	98	87	85	90	360
5	DF002	销售A队	陈万地	83	88	97	91	359
6	DF007	销售A队	李娜娜	90	93	84	83	350
7	DF001	销售A队	包宏伟	81	81	96	85	343

图 2-4-7　"简单筛选"下拉菜单按钮

（3）单击"销售团队"标题右侧的下拉箭头，在弹出的下拉列表框中，勾选"销售 A 队"复选框，如图 2-4-8 所示。

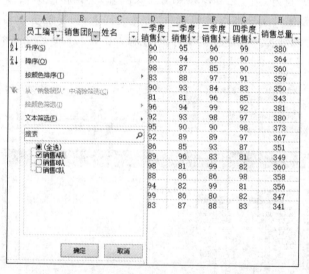

图 2-4-8　"简单筛选"勾选"销售 A 队"复选框

（4）单击【确定】按钮，筛选出所有销售 A 队员工的数据清单，如图 2-4-9 所示。

员工编号	销售团队	姓名	一季度销售量	二季度销售量	三季度销售量	四季度销售量	销售总量
DF003	销售A队	张惠	90	95	96	99	380
DF006	销售A队	李燕	90	94	90	90	364
DF013	销售A队	孙玉敏	98	87	85	90	360
DF002	销售A队	陈万地	83	88	97	91	359
DF007	销售A队	李娜娜	90	93	84	83	350
DF001	销售A队	包宏伟	81	81	96	85	343

图 2-4-9 "简单筛选"筛选出"销售 A 队"数据清单

（5）单击"二季度"标题右侧的下拉箭头，依次单击【数字筛选】和【小于】命令，如图 2-4-10 所示。

图 2-4-10 "数字筛选"选择"小于"菜单选项

> **提示**：筛选条件包括按颜色筛选、文本筛选、数字筛选。各个筛选条件的含义如下：
> - 颜色筛选：数据清单按单元格颜色特征进行筛选。
> - 文本筛选：一般用于单元格区域为文本型数据，常用文本筛选包含：等于、不等于、开头是、结尾是、包含、不包含、自定义筛选等。
> - 数字筛选：一般用于单元格区域为数值型数据，常用数字筛选包含：等于、不等于、大于、大于或等于、小于、小于或等于、介于、前 10 项、高于平均值、低于平均值、自定义筛选等。
>
> 如果在某列的下拉列表中选定某一特定的数据，则列出与该数据相符的记录，也就是说，其列数据的数值等于选定的该列的数据的数值的所有记录将会被列出来。

（6）在【自定义自动筛选方式】对话框，设置如图 2-4-11 所示的筛选条件。

（7）单击【确定】按钮，完成筛选出"人事部"一季度成绩低于 90 的数据清单，如图 2-4-12 所示。

图 2-4-11 "自定义自动筛选方式"设置筛选条件

A	B	C	D	E	F	G	H
员工编号	销售团队	姓名	一季度销售量	二季度销售量	三季度销售量	四季度销售量	销售总量
DF013	销售A队	孙玉敏	98	87	85	90	360
DF002	销售A队	陈万地	83	88	97	91	359
DF001	销售A队	包宏伟	81	81	96	85	343

图 2-4-12 "自动筛选"筛选出"销售 A 队"二季度成绩低于 90 的数据清单

4. 通过"高级筛选"筛选出"销售 A 队"总成绩低于 350 分、"销售 B 队"三季度成绩高于 90 分并且总成绩超过 360 分、"销售 C 队"总成绩高于 350 分的所有数据清单。

(1) 单击【筛选】按钮,返回筛选前数据列表。在 J1:L4 单元格区域中,输入如图 2-4-13 所示的筛选条件。

J	K	L
销售团队	三季度销售量	销售总量
销售A队		<350
销售B队	>90	>360
销售C队		>350

图 2-4-13 "高级筛选"条件

提示:

"筛选条件"区域其实是工作表中一部分单元格形成的表格。表格中的第一行输入数据清单的标题行中的列名,其余行上输入条件。同一行列出的条件是"与"的关系,不同行列出的条件是"或"的关系。

---

(2) 选择【数据】主选项卡的【排序和筛选】功能区,单击【高级】按钮,打开【高级筛选】对话框,如图 2 4 14 所示。

图 2-4-14 "高级筛选"对话框

(3) 在【高级筛选】对话框,单击【条件区域】右侧的选择按钮,打开【高级筛选—条件区域】对话框,如图 2-4-14 所示。

图 2-4-15 "高级筛选—条件区域"对话框

（4）在【高级筛选—条件区域】对话框，选中 J1：L4 单元格区域，如图 2-4-16 所示。设置"条件区域"后，单击【高级筛选—条件区域】对话框右侧的选择按钮，返回【高级筛选】对话框，如图 2-4-17 所示。

图 2-4-16　设置后的"条件区域"对话框　　　　图 2-4-17　"高级筛选"对话框

（5）设置【列表区域】和【条件区域】后，单击【确定】按钮，完成筛选出"销售 A 队"总成绩低于 350 分、"销售 B 队"三季度成绩高于 90 分并且总成绩超过 360 分、"销售 C 队"总成绩高于 350 分的所有数据清单，如图 2-4-18 所示。

	A	B	C	D	E	F	G	H
	员工编号	销售团队	姓名	一季度销售量	二季度销售量	三季度销售量	四季度销售量	销售总量
	DF001	销售A队	包宏伟	81	81	96	85	343
	DF014	销售B队	王清华	96	94	99	92	381
	DF010	销售B队	倪冬声	92	93	98	97	380
	DF012	销售C队	苏解放	98	81	99	82	360
	DF016	销售C队	李启勋	88	86	86	98	358
	DF017	销售C队	曲艳丽	94	82	99	81	356

图 2-4-18　"高级筛选"结果图

提示：

对工作表数据清单的数据进行筛选后，为了显示所有的记录，需要撤消筛选。

- 清除某列的筛选条件：在已设有自动筛选条件的列标题旁边的筛选箭头上单击，从列表中选择"从 xx 列中清除筛选"。
- 清除工作表中的所有筛选条件并重新显示所有行：选择"数据"选项卡中的"排序和筛选"功能区，单击"清除"按钮。
- 退出自动筛选状态：在已处于自动筛选状态的数据列表中的任意位置单击鼠标，在"数据"选项卡上的"排序与筛选"组中，单击"筛选"按钮。

2.4.3　分类汇总

在"产品销售统计"工作表中，通过"分类汇总"功能统计出各销售团队的员工人数和总销售量。

操作步骤：

（1）打开"产品销售统计"工作表，单击 A1：D18 数据区域任意单元格，选择【数据】主选项卡的【排序和筛选】功能区，单击【排序】按钮，如图 2-4-19 所示。

图 2-4-19 "分类汇总"前对关键字段进行排序

（2）在【排序】对话框中，设置如图 2-4-20 所示的排序条件（排序的"次序"可以是任意顺序）。

图 2-4-20 "排序"对话框设置

提示：
分类汇总前一定要记得对分类汇总的关键字段进行排序操作。

（3）在对要"分类汇总"的关键字段进行排序后，单击数据区域中任意单元格，选择【数据】主选项卡的【分级显示】功能区，单击【分类汇总】选项，如图 2-4-21 所示。

图 2-4-21 "分类汇总"菜单

（4）在【分类汇总】对话框，分别设置【分类字段】为"销售团队"；【汇总方式】为"计数"；【选定汇总项】为"销售团队"。如图 2-4-22 所示。

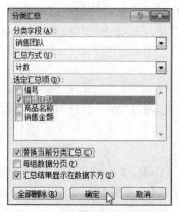

图 2-4-22 "分类汇总"对话框设置

（5）设置"分类汇总"参数后，单击【确定】按钮，完成对销售团队人员个数统计操作，如图 2-4-23 所示。

1 2 3		A	B	C	D
	1	员工编号	销售团队	商品名称	销售量
	2	DF003	销售A队	笔记本	180
	3	DF006	销售A队	笔记本	247
	4	DF013	销售A队	笔记本	516
	5	DF001	销售A队	笔记本	200
	6	DF014	销售A队	台式机	260
	7	DF012	销售A队	打印机	648
	8	**销售A队**	**6**		
	9	DF002	销售B队	笔记本	686
	10	DF007	销售B队	笔记本	500
	11	DF010	销售B队	台式机	538
	12	DF015	销售B队	台式机	503
	13	DF016	销售B队	打印机	674
	14	DF017	销售B队	打印机	406
	15	**销售B队**	**6**		
	16	DF008	销售C队	台式机	597
	17	DF005	销售C队	台式机	210
	18	DF004	销售C队	台式机	336
	19	DF011	销售C队	打印机	230
	20	DF009	销售C队	打印机	261
	21	**销售C队**	**5**		
	22	**总计数**	**17**		

图 2-4-23　"分类汇总"统计出销售团队个数

（6）单击"分类汇总"数据区域中任意单元格，打开【分类汇总】对话框，设置【汇总方式】为"求和"；【选定汇总项】设为"销售金额"；取消勾选【替换当前分类汇总】复选框。如图 2-4-24 所示。

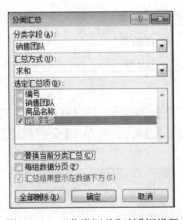

图 2-4-24　"分类汇总"对话框设置

（7）设置"分类汇总"选项后，单击【确定】按钮，完成统计出各销售团队的员工人数和总销售金额，如图 2-4-25 所示。

1 2 3 4		A	B	C	D
	1	员工编号	销售团队	商品名称	销售量
	2	DF003	销售A队	笔记本	180
	3	DF006	销售A队	笔记本	247
	4	DF013	销售A队	笔记本	516
	5	DF001	销售A队	笔记本	200
	6	DF014	销售A队	台式机	260
	7	DF012	销售A队	打印机	648
	8		销售A队 汇总		2051
	9	销售A队	6		
	10	DF002	销售B队	笔记本	686
	11	DF007	销售B队	笔记本	500
	12	DF010	销售B队	台式机	538
	13	DF015	销售B队	台式机	503
	14	DF016	销售B队	打印机	674
	15	DF017	销售B队	打印机	406
	16		销售B队 汇总		3307
	17	销售B队	6		
	18	DF008	销售C队	台式机	597
	19	DF005	销售C队	台式机	210
	20	DF004	销售C队	打印机	336
	21	DF011	销售C队	打印机	230
	22	DF009	销售C队	打印机	261
	23		销售C队 汇总		1634
	24	销售C队	5		
	25		总计		6992

图 2-4-25　"分类汇总"统计出销售团队人员个数和总销售量

（8）在分类汇总结果中，左上角会出现分级显示符(1,2,3,4)，单击分级显示符数字 3，则只显示分类汇总统计结果，如图 2-4-26 所示。

1 2 3 4		A	B	C	D
	1	员工编号	销售团队	商品名称	销售量
	8		销售A队 汇总		2051
	9	销售A队	6		
	16		销售B队 汇总		3307
	17	销售B队	6		
	23		销售C队 汇总		1634
	24	销售C队	5		
	25		总计		6992
	26	总计数	19		

图 2-4-26　"分类汇总"分级显示统计结果

（9）单击分类汇总结果区域任意单元格，选择【数据】主选项卡的【分级显示】功能区，单击【分类汇总】按钮，打开【分类汇总】对话框，单击【全部删除】按钮，撤销"分类汇总"，恢复原数据内容，如图 2-4-27 所示。

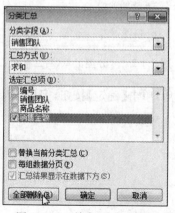

图 2-4-27　单击"全部删除"

2.4.4　数据透视表

1. 通过"数据透视表"统计各销售团队不同商品销售金额的平均值。

操作步骤：

(1) 选择【插入】主选项卡的【表格】功能区，单击【数据透视表】的下拉箭头，在下拉菜单中选择【数据透视表】命令，如图 2-4-28 所示。

图 2-4-28　"数据透视表"菜单

(2)【创建数据透视表】对话框中，在【选择一个表或区域】的列表框里，选择"产品销售统计！＄A＄1：＄D＄18"，选中【选择放置数据透视表的位置】下面的"新工作表"，如图 2-4-29 所示。

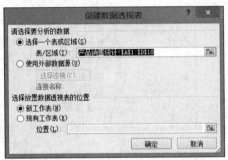

图 2-4-29　"创建数据透视表"对话框

(3) 在【创建数据透视表】对话框中，设置选项后，单击【确定】按钮，在新的工作表自动创建一个数据透视表，如图 2-4-30 所示。

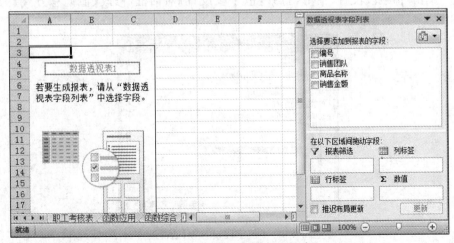

图 2-4-30　创建新的"数据透视表"

（4）在新创建"数据透视表"右侧的【数据透视表字段列表】，拖动鼠标分别将"销售团队"字段拖动至【列标签】行表框；"商品名称"字段拖动到【列标签】列表框；"销售量"字段拖动至【数值】列表框，数据透视表将自动生成对应的数据透视表，统计出各销售团队不同商品的总销售量。如图 2-4-31 所示。

	A	B	C	D	E
1					
2					
3	求和项:销售量	列标签 ▾			
4	行标签 ▾	笔记本	打印机	台式机	总计
5	销售A队	1143	648	260	2051
6	销售B队	1186	1080	1041	3307
7	销售C队		491	1143	1634
8	总计	2329	2219	2444	6992

图 2-4-31　"数据透视表"统计各销售团队不同商品的总销售量

（5）单击【数据透视表字段列表】中【数值】列表框【求和项：销售量】，在弹出的快捷菜单中单击"值字段设置"命令，如图 2-4-32 所示。

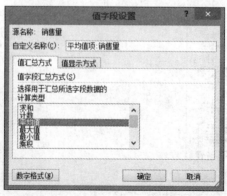

图 2-4-32　"值字段设置"快捷菜单

（6）单击"值字段设置"命令，打开【值字段设置】对话框，修改【值汇总方式】为"平均值"，如图 2-4-33 所示。

图 2-4-33　"值字段设置"对话框设置

（7）在【值字段设置】对话框中，单击【数字格式】按钮，打开【设置单元格格式】对话框，设置保留 2 位小数位，如图 2-4-34 所示。单击【确定】按钮，则返回【值字段设置】对话框。

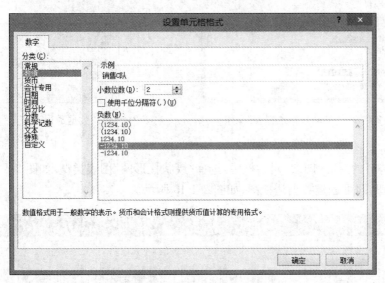

图 2-4-34　设置值字段数字格式保留 2 位小数位

（8）在【值字段设置】对话框中，设置各项参数后，单击【确定】按钮，完成统计各销售团队不同商品销售金额的平均值，统计结果如图 2-4-35 所示。

平均值项：销售量	列标签			
行标签	笔记本	打印机	台式机	总计
销售A队	285.75	648.00	260.00	341.83
销售B队	593.00	540.00	520.50	551.17
销售C队		245.50	381.00	326.80
总计	388.17	443.80	407.33	411.29

图 2-4-35　统计结果效果图

2. 将已经生成的数据透视表移动到以 A1 开始的位置，并生成数据透视图。

（1）在数据透视表区域内单击任一单元格，然后点击【移动数据透视表】，如图 2-4-36 所示。

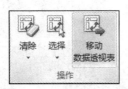

图 2-4-36　"数据透视表工具"中"设计"选项卡的"操作"区域

（2）在弹出的【移动数据透视表】对话框中，将【选择防止数字透视表的位置】设置为 "Sheet1!＄A＄1"，点击【确定】即可。

（3）选中数据透视表中任意单元格，选择【数据透视表工具】中【设计】选项卡的【工具】区域，点击【数据透视图】，如图 2-4-38 所示。

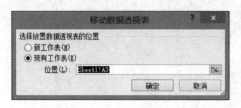

图 2-4-37　"移动数据透视表"操作　　　　图 2-4-38　"数据透视表工具"下"设计"

选项卡中"工具"区域

（4）在打开的"插入图表"对话框中，选择"簇状柱形图"图表类型，如图 2-4-39 所示。单击【确定】按钮，即可创建数据透视图，如图 2-4-40 所示。

图 2-4-39　创建数据透视图

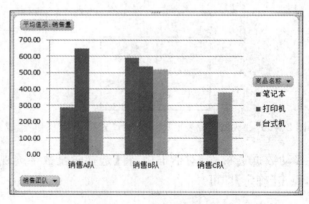

图 2-4-40　数据透视图

2.5　完成产品销量汇总图

产品销量对于一个企业来说至关重要,借助 Excel 的图表功能可以更加直观地将企业的产品销量表现出来,不仅解决了文字无法表达的问题,而且通过图表,能够清晰地对企业的生产量进行分析、说明,从而为适应市场的需求、调整下年的生产计划提供帮助,以取得更大的收益。

➤ 任务介绍

产品销量的数据通常较多,首先通过 Excel 导入数据的功能,得到 Excel 表格。在对产品销量数据进行分析时,除了对数据本身进行分析外,还可以使用图表来直观表示季度销量的状况,从而方便数据分析。本节将以某企业一季度和二季度的销量作为实例,详细介绍图表的创建及图表编辑的方法。

➤ 任务分析

图表建立在已经建好的数据工作表之上,在实际的应用中,可以根据数据的特点选择不同的图表。

常用的图表主要有柱形图、条形图、饼图、折线图等类型,不同类型的图表会表现出不同的特点,例如:柱形图的特点是便于比较数据的大小,饼图可以直观地反映数据占整体的百分比,折线图则用于反映数据的变化趋势。

图表的呈现有两种位置:一种是独立图表,即生成的图表单独存放在一张工作表中(图表也是工作表);另一种是嵌入式图表,即生成的图表置于工作表中。本次任务中的数据不多,为了便于观察,选用嵌入式图表。

➤ 相关知识
◇ 数据的导入
◇ 合并计算
◇ 图表的插入
◇ 图表选项的设置
◇ 图表标题格式的设置
◇ 分类轴 & 数值轴的设置
◇ 图表类型的更改
◇ 图表格式的设置
➤ 任务实施

2.5.1　合并计算

1. 新建一个空白 Excel 文档,将工作表 Sheet1 重命名为"一季度销售情况",将 Sheet2 重命名为"二季度销售情况",将该文档以"产品销售汇总. xlsx"为文件名进行保存。

(1) 新建一个空白 Excel 文档,并将该文档命名为"产品销售汇总. xlsx"。

(2) 打开"产品销售汇总. xlsx",双击工作表 Sheet1 的表名,在编辑状态下输入"一季度销售情况",双击工作表 Sheet2 的表名,在编辑状态下输入"二季度销售情况"。

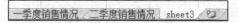

图 2-5-1　更改工作表名称

2. 浏览网页"一季度销售情况.htm"，将其中的表格导入到工作表"一季度销售情况"中；浏览网页"二季度销售情况.htm"，将其中的表格导入到工作表"二季度销售情况"中（要求均从 A1 单元格开始导入，不得对两个工作表中的数据进行排序）。

（1）双击打开网页"一季度销售情况.htm"，在工作表"一季度销售情况"中选中 A1，单击【数据】选项卡下【获取外部数据】组中的【自网站】按钮，如图 2-5-2 所示

图 2-5-2　导入网站上的表格

（2）弹出【新建 Web 查询】对话框后，在【地址】文本框中输入"一季度销售情况.htm"网页的地址，并单击右侧的【转到】按钮。

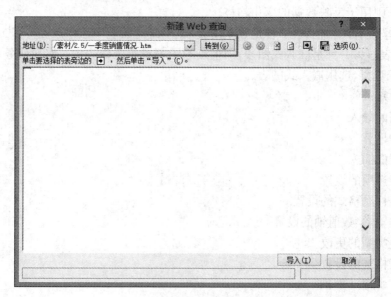

图 2-5-3　"新建 web 查询"窗口

（3）单击要选择的表旁边的带方框的黑色箭头，使黑色箭头变成勾号，然后单击【导入】按钮，如图 2-5-4 所示。

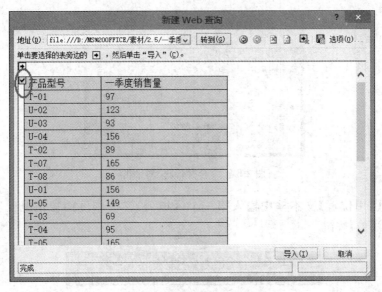

图 2-5-4　选择需导入的表格

（4）然后会弹出【导入数据】对话框，选择【数据的放置位置】为"现有工作表"，在文本框中输入"＝＄A＄1"，单击【确定】按钮。

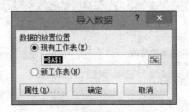

图 2-5-5　"导入数据"窗口

（5）按照上述方法浏览网页"二季度销售情况.htm"，将其中的表格导入到工作表"二季度销售情况"中。

3．将两个工作表内容合并，合并后的工作表放置在新工作表"产品销售对比图表"中（自 A1 单元格开始），且保持最左列仍为产品型号，A1 单元格中的列标题为"产品型号"。

（1）双击工作表 Sheet3 的表名，在编辑状态下输入"产品销售对比图表"。

（2）在该工作表的 A1 中输入"产品型号"，在【数据】选项卡的【数据工具】组中单击【合并计算】按钮。

图 2-5-6　"合并计算"按钮

（3）在弹出的【合并计算】对话框，设置【函数】为"求和"。

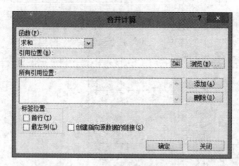

图 2-5-7 "合并计算"对话框

（4）在【引用位置】文本框中输入第一个区域公式"一季度销售情况！＄A＄1：＄B＄21"，单击【添加】按钮。

图 2-5-8 选择引用位置

（5）输入第二个区域公式"第六次普查数据！＄A＄1：＄C＄34"，单击【添加】按钮。

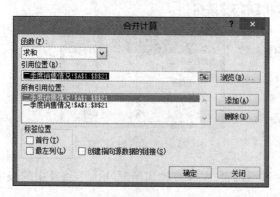

图 2-5-9 添加合并计算引用位置

（6）在【标签位置】下勾选【首行】复选框和【最左列】复选框，然后单击【确定】按钮。

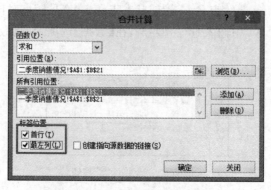

图 2-5-10 选择"首行"和"最左列"

4. 以"产品型号"为关键字,对工作表"产品销售对比图表"进行升序排列。

选择产品型号列,在【数据】选项卡上【排序与筛选】区域点击【升序】排序按钮。将表格按照"产品型号"升序排列。

	A	B	C
1	产品型号	二季度销售量	一季度销售量
2	P-01	156	231
3	P-02	93	78
4	P-03	221	231
5	P-04	198	166
6	P-05	134	125
7	T-01	119	97
8	T-02	115	89
9	T-03	78	69
10	T-04	129	95
11	T-05	145	165
12	T-06	89	121
13	T-07	176	165
14	T-08	109	86
15	U-01	211	156
16	U-02	134	123
17	U-03	99	93
18	U-04	165	156
19	U-05	201	149
20	U-06	131	129
21	U-07	186	176

图 2-5-11　对"产品型号"排序

2.5.2　图表的创建与编辑

1. 根据"产品销售对比图表"工作表,创建一个"簇状柱形图"图表。

操作步骤:

(1) 打开"创建簇状柱形图"工作表,选中 A1:C21 数据区域,选择【插入】主选项卡的【图表】功能区,单击【柱形图】中的"二维柱形图"图表类型、"簇状柱形图",如图 2-5-12 所示。

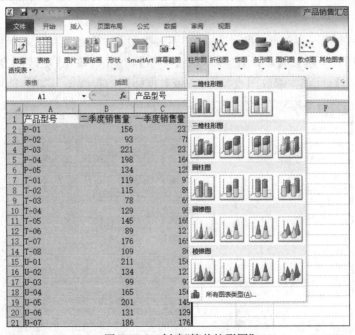

图 2-5-12　创建"簇状柱形图"

（2）单击"簇状柱形图"选项，会出现如图 2-5-13 所示的图表。

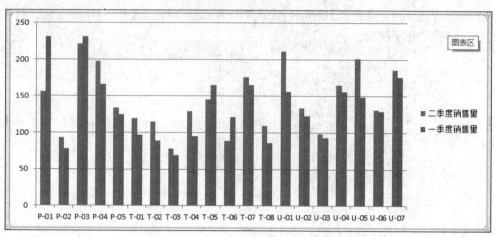

图 2-5-13　簇状柱形图

2．在图表中使用"切换行/列"功能，观察两种情况下的图表变化。

创建基本的"簇状柱形图"后，单击【图标工具】的【设计】选项卡，在【数据】功能区，选择【切换行/列】选项，交换图表中的"行"和"列"位置，如图 2-5-14 所示。

图 2-5-14　切换行/列

3．保持水平轴标签为"产品型号"，修改"图表类型"为"带数据标记的折线图"。

（1）选择【图表工具】的【设计】选项卡，在【类型】功能区，单击【更改图表类型】按钮，打开【更改图表类型】对话框，修改图表类型为"带数据标记的折线图"，如图 2-5-15 所示。

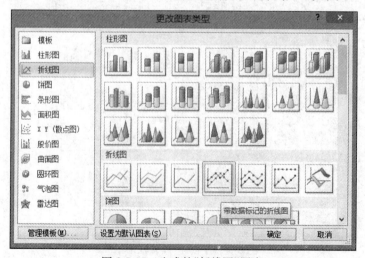

图 2-5-15　生成的"折线图"图表

（2）修改图表类型后，单击【确定】按钮，生成新的"带数据标记的折线图"，如图 2-5-16 所示。

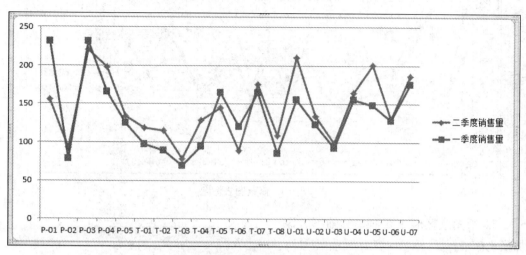

图 2-5-16　修改后的"带数据标记折线图"图表

4．给图表区域添加标题，标题内容为"产品销售对比图"。

操作步骤：

（1）单击选中图表区域，单击【图标工具】中的【布局】选项卡，在【图表标题】功能区，选择【图表上方】选项，如图 2-5-17 所示。

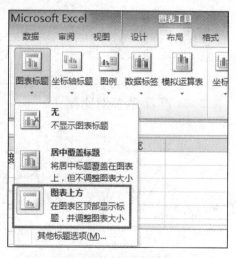

图 2-5-17　修改图表标题

（2）将图表上方的图表标题名修改为"产品销售对比图"。

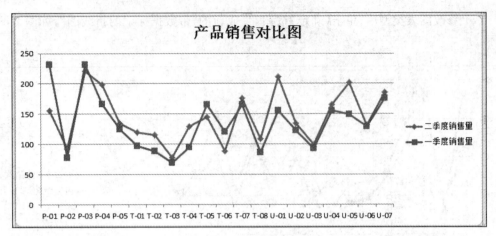

图 2-5-18　修改图表标题

5. 给图表区域主要横坐标轴下方添加横坐标轴标题,标题内容为"产品型号"。

操作步骤:

(1) 选中图表区域,选择【图表工具】的【布局】选项卡,在【标签】功能区,单击【坐标轴标题】的下拉箭头,在下拉菜单中,选择【主要横坐标轴标题】菜单中的【坐标轴下方标题】命令,如图 2-5-19 所示。

(2) 在图表区域横坐标轴下方生成横坐标轴标题,单击此标题,在编辑栏中将其修改为"产品型号",如图 2-5-20 所示。

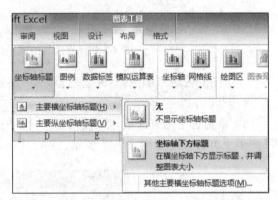

图 2-5-19　添加"主要横坐标轴标题"菜单

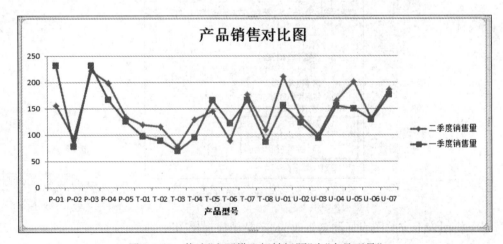

图 2-5-20　修改"主要横坐标轴标题"为"产品型号"

6. 在图表区域中添加"数据标签"于数据点上方。

选中图表区域,选择【图表工具】中的【布局】选项卡,在【标签】功能区,单击【数据标签】的下拉箭头,在下拉菜单中选择【上方】命令,如图 2-5-21 所示。

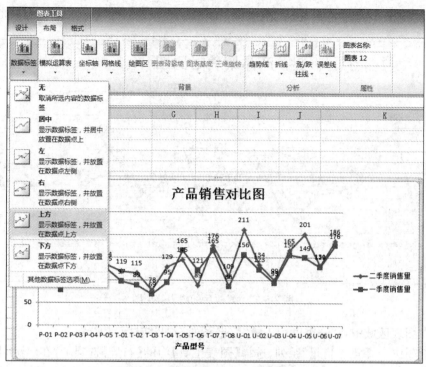

图 2-5-21　添加"数据标签"在数据点上方

7. 修改主要纵坐标轴刻度最小值刻度为"50",主要刻度单位为"20"。

（1）选中图表区域,选择【图表工具】中的【布局】选项卡,在【坐标轴】功能区,单击【坐标轴】的下拉箭头,选择【主要纵坐标轴】菜单中的【其他主要纵坐标轴选项】命令,打开【设置坐标轴格式】对话框,修改坐标轴选项最小值为"50",主要刻度单位为"20",其余选项保持默认选项,如图 2-5-22 所示。

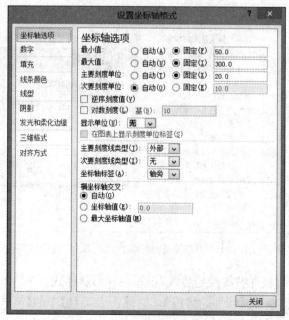

图 2-5-22　修改"纵坐标轴"格式

（10）修改【坐标轴】格式后，单击【关闭】按钮，图表修改后的效果图如图 2-5-23 所示。

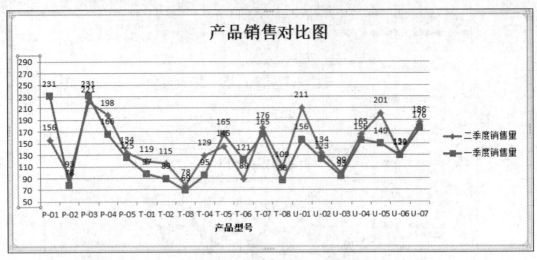

图 2-5-23　修改后的图表效果图

8. 在图表区域中为"一季度销售量"数据系列添加"线性趋势线"。

单击选中"一季度销售量"系列，选择【图表工具】中的【布局】选项卡，在【分析】功能区，单击【趋势线】的下拉按钮，在下拉菜单中选择"线性趋势线"命令，在弹出的【添加趋势线】对话框中选择"一季度销售量"，如图 2-5-24 所示，点击【确定】按钮。图表区域将自动生成"一季度销售量"系列的"线性趋势线"。

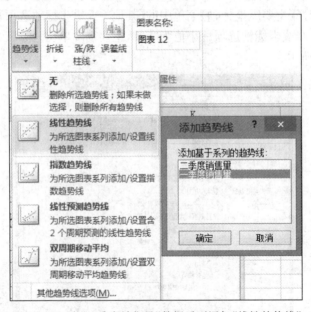

图 2-5-24　为"一季度销售量"数据系列添加"线性趋势线"

9. 为"一季度销售额"的"线性趋势线"设置一种形状样式。

选中"一季度销售额"的【线性趋势线】，选择【图表工具】中的【格式】选项卡，在【形状样式】功能区中的【样式】列表框中选择"中等线—强调颜色 2"形状样式,如图 2-5-25 所示。

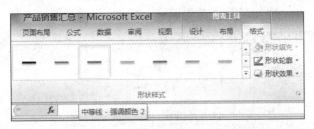

图 2-5-25　设置"线性趋势线"形状样式

10. 设置图表区域中标题、横坐标轴、纵坐标轴、数据标签字体格式。

（1）选中图表区域标题,选择【开始】主选项卡的【字体】功能区,设置字体为"楷体",字号设置为"18",并"加粗",如图 2-5-26 所示。

图 2-5-26　设置图表字体格式

（2）通过上面的方法设置横坐标轴、纵坐标轴字体格式:字体设置为"楷体",字号设置为"10";同样单击"数据标签",设置其字体为"楷体",字号设置为"8"。设置好图表区域的字体格式后,效果图如图 2-5-27 所示。

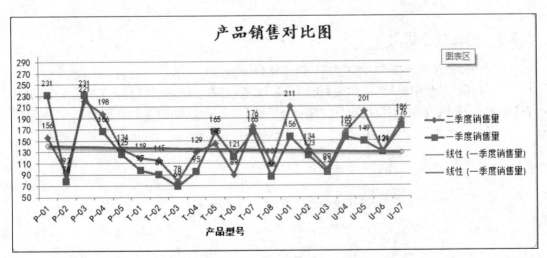

图 2-5-27　设置字体格式后效果图

11. 给图标区域添加底纹作为背景颜色。

操作步骤:

选中图表区域,选择【图表工具】中的【格式】选项卡,在【形状样式】功能区,单击【形状填充】的下拉箭头,在下拉列表中选择"白色,背景1,深色15％",为图表区域设置底纹背景,如图 2-5-28 所示。

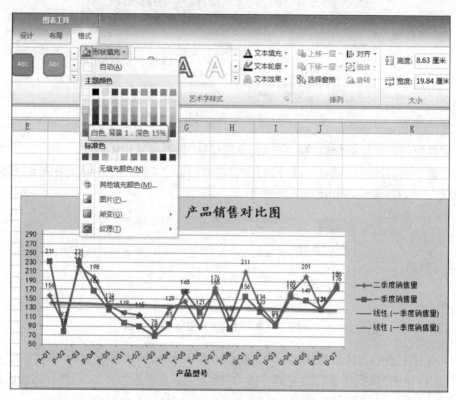

图 2-5-28　为图表区域设置背景颜色

2.5.3　创建复合饼图

1. 打开"产品销售额"工作表数据,创建复合饼图。

(1)打开"产品销售额"工作表,选中 A1:B8 单元格区域,选择【插入】主选项卡的【图表】功能区,单击【饼图】下拉按钮,选择【复合饼图】图表类型,如图 2-5-29 所示。

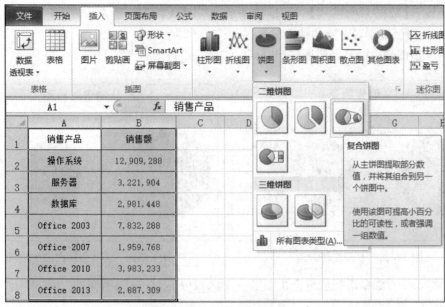

图 2-5-29　创建复合饼图菜单

（2）单击【复合饼图】图表类型，自动创建一个复合饼图，如图 2-5-30 所示。

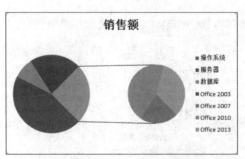

图 2-5-30　创建一个复合饼图

2. 设置复合饼图中"标签"包括："类别名称"和"值"标签。

（1）双击图表中的复合饼图，打开【设置数据点格式】对话框，在【系列选项】选项区域中设置【系列分割依据】为"位置"，设置【第二个绘图区包含最后一个】值为"4"，如图 2-5-31 所示。

图 2-5-31　"设置数据点格式"对话框

（2）设置【数据系列格式】对话框选项后，单击【关闭】按钮，将 A2：B4 单元格区域和 A5：B8 单元格区域设置正确的数据关系，如图 2-5-32 所示。

（3）单击图表中的复合饼图，修改标题为"产品销售结构图"，如图 2-5-33 所示。

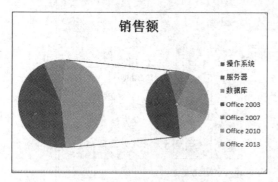

图 2-5-32　修改复合饼图

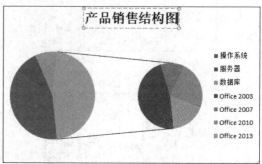

图 2-5-33　为复合饼图添加标题

3. 将"office"数据系列从复合饼图第一个区域分离，设置图例在"左侧"，显示"数据标签"。

（1）在【布局】菜单中，单击【标签】功能区的【图例】和【在左侧显示图例】选项，将图例放在复合饼图左边。

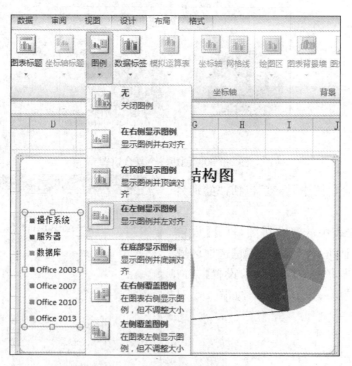

图 2-5-34　改变图例的位置

（2）单击【标签】功能区的【数据标签】和【其他数据标签】选项，打开【设置数据标签格式】对话框。在【标签选项】选项卡中，勾选"类别名称""值"和"显示引导线"标签，单击【关闭】按钮，完成数据标签格式设置，如图 2-5-35 所示。

图 2-5-35　"设置数据标签格式"对话框

（3）将数据标签中【其他】标签名称修改为"office 产品"标签名称，如图 2-5-36 所示。

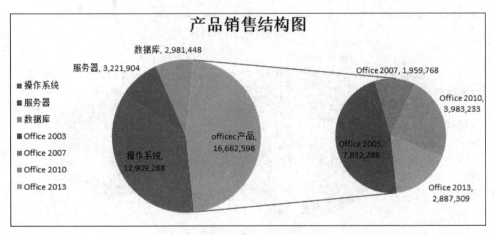

图 2-5-36　添加、修改数据标签

4. 将"office 产品"数据系列从复合饼图第一个区域分离，独立型比例设置为"20％"。修改复合饼图背景、形状效果。

操作步骤：

（1）在复合饼图中单击鼠标，选中整个数据系列，间隔 2 秒后，单击鼠标选中"毛绒玩具"数据系列。选中"毛绒玩具"数据系列，双击鼠标，打开【设置数据点格式】对话框，设置【点爆炸型】选项为"20％"，如图 2-5-37 所示。

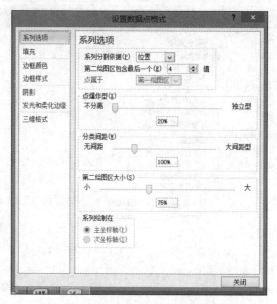

图 2-5-37　设置数据系列独立型

（2）设置【数据点格式】选项后，单击【关闭】按钮，显示效果如图 2-5-38 所示。

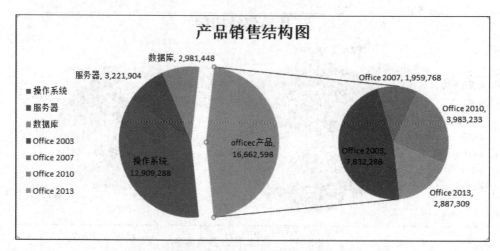

图 2-5-38　复合数据区域分离效果图

（3）单击图表区域空白处，选择【图表工具】的【格式】选项，单击【形状样式】功能区的【形状填充】按钮，选择"紫色强调、文字颜色 4、淡色 40％"，为图表设置背景颜色。

（4）单击图表区域复合饼图任意系列，选中复合饼图所有数据系列，选择【图表工具】的【格式】选项，单击【形状效果】功能区的【预设】按钮，选择"预设 5"选项，为复合饼图设置形状效果，最终复合饼图效果图如图 2-5-39 所示。

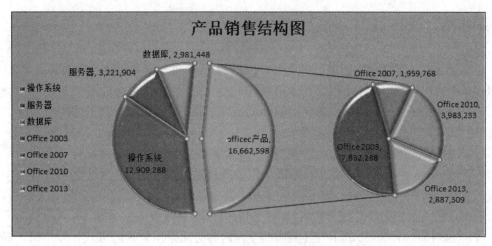

图 2-5-39　复合饼图效果图

综合练习一

　　小李毕业后,在一家计算机图书销售公司担任市场部助理,主要的工作职责是为部门经理提供销售信息的分析和汇总。

　　请根据销售数据报表文件,按照如下要求完成统计和分析工作:

　　(1) 对"订单明细表"工作表进行格式调整,通过套用表格格式方法将所有的销售记录调整为一致的外观格式,并将"单价"列和"小计"列所包含的单元格调整为"会计专用"(人民币)数字格式。

　　(2) 根据图书编号,在"订单明细表"工作表的"图书名称"列中,使用 VLOOKUP 函数完成图书名称的自动填充。"图书名称"和"图书编号"的对应关系在"编号对照"工作表中。

　　(3) 根据图书编号,在"订单明细表"工作表的"单价"列中,使用 VLOOKUP 函数完成图书单价的自动填充。"单价"和"图书编号"的对应关系在"编号对照"工作表中。

　　(4) 在"订单明细表"工作表的"小计"列中,计算每笔订单的销售额。

　　(5) 根据"订单明细表"工作表中的销售数据,统计所有订单的总销售金额,并将其填写在"统计报告"工作表的 B3 单元格中。

　　(6) 根据"订单明细表"工作表中的销售数据,统计《MS Office 高级应用》图书在 2012 年的总销售额,并将其填写在"统计报告"工作表的 B4 单元格中。

　　(7) 根据"订单明细表"工作表中的销售数据,统计隆华书店在 2011 年第 3 季度的总销售额,并将其填写在"统计报告"工作表的 B5 单元格中。

　　(8) 根据"订单明细表"工作表中的销售数据,统计隆华书店在 2011 年的每月平均销售额(保留 2 位小数),并将其填写在"统计报告"工作表的 B6 单元格中。

　　(9) 保存为"Excel. xlsx"文件。

综合练习二

小林是北京某师范大学财务处的会计,计算机系计算机基础室提交了该教研室 2012 年的课程授课情况,希望财务处尽快核算并发放他们室的课时费。请根据文件夹下"素材.xlsx"中的各种情况,帮助小林核算出计算机基础室 2012 年度每个教员的课时费情况。根据"课时费.xlsx"的文件,完成如下要求:

(1) 将"课时费统计表"标签颜色更改为红色,将第一行根据表格情况合并为一个单元格,并设置合适的字体、字号,使其成为该工作表的标题。对 A2:I22 区域套用合适的中等深浅的、带标题行的表格格式。前 6 列对齐方式设为居中;其余与数值和金额有关的列,标题为居中,值为右对齐,学时数为整数,金额为货币样式,并保留 2 位小数。

(2) "课时费统计表"中的 F 至 I 列中的空白内容必须采用公式的方式计算结果。根据"教师基本信息"工作表和"课时费标准"工作表计算"职称"和"课时标准"列内容,根据"授课信息表"和"课程基本信息"工作表计算"学时数"列内容,最后完成"课时费"列的计算。

【提示:建议对"授课信息表"中的数据按姓名排序后增加"学时数"列,并通过 VLOOKUP 查询"课程基本信息"表获得相应的值。】

(3) 为"课时费统计表"创建一个数据透视表,保存在新的工作表中。其中报表筛选条件为"年度",列标签为"教研室",行标签为"职称",求和项为"课时费"。在该透视表下方的 A12:F24 区域内插入一个饼图,显示计算机基础室课时费对职称的分布情况。并将该工作表命名为"数据透视图",表标签颜色为蓝色。

(4) 保存为"课时费.xlsx"文件。

综合练习三

为了让利消费者,提供更优惠的服务,某大型收费停车场规划调整收费标准,拟从原来的"不足 15 分钟按 15 分钟收费"调整为"不足 15 分钟部分不收费"的收费政策。市场部抽取了 5 月 26 日至 6 月 1 日的停车收费记录进行数据分析,以期掌握该项政策调整后营业额的变化情况。请根据文件夹下"素材.xlsx"中的各种表格,帮助市场分析员小罗完成此项工作。具体要求如下:

(1) 将"素材.xlsx"文件另存为"停车场收费政策调整情况分析.xlsx",所有的操作基于此新保存好的文件。

(2) 在"停车收费记录"表中,涉及金额的单元格格式均设置为保留 2 位的数值类型。依据"收费标准"表,利用公式将收费标准对应的金额填入"停车收费记录"表中的"收费标准"列;利用出场日期、时间与进场日期、时间的关系,计算"停放时间"列,单元格格式为时间类型的"××时××分"。

(3) 依据停放时间和收费标准,计算当前收费金额,并填入"收费金额"列;计算拟采用的收费政策的预计收费金额,并填入"拟收费金额"列;计算拟调整后的收费与当前收费之间的差值,并填入"差值"列。

(4) 将"停车收费记录"表中的内容套用表格格式"表样式中等深浅 12",并添加汇总行,最后三列"收费金额""拟收费金额"和"差值"汇总值均为求和。

（5）在"收费金额"列中，将单次停车收费达到 100 元的单元格突出显示为黄底红字的货币类型。

（6）新建名为"数据透视分析"的表，在该表中创建 3 个数据透视表，起始位置分别为 A3、A11、A19 单元格。第一个透视表的行标签为"车型"，列标签为"进场日期"，求和项为"收费金额"，可以提供当前的每天收费情况；第二个透视表的行标签为"车型"，列标签为"进场日期"，求和项为"拟收费金额"，可以提供调整收费政策后的每天收费情况；第三个透视表行标签为"车型"，列标签为"进场日期"，求和项为"差值"，可以提供收费政策调整后每天的收费变化情况。

第3章 PowerPoint 2010 高级应用实验

3.1 制作景区介绍演示文稿

近年来，喜欢利用假期出行旅游的人越来越多，而且大部分游客在出行之前都会通过各种各样的方式去了解旅游景点、出行方式、酒店分步、饮食文化等，所以不管是专业的旅游网站，还是旅行社或者旅游景点，都应该将这些信息直观地展现给游客。

➤ 任务介绍

利用 PowerPoint 2010 将素材合理地组织在一起，制作一份详细而生动的景区介绍演示文稿，便于游客能够更好地了解景区。具体任务有：① 新建演示文稿；② 输入和编辑文本；③ 插入和编辑图片；④ 切换幻灯片视图。本节将以三峡景点为例，详细介绍如何运用 PowerPoint 2010 展示三峡景点的旅游路线图和景点景观的方法。

➤ 任务分析

新建一个演示文稿，首先要准备好与该产品相关的素材，包括文档、图片，需要的话，还可以准备音频或视频材料。一个完整的演示文稿一般包括两个或两个以上的幻灯片，其中的文本必须在文本框中输入和编辑；图片、音频和视频都需要通过插入操作来完成。在编辑幻灯片时，PowerPoint 2010 提供了多种视图，不同视图的作用和操作各不相同。

➤ 相关知识
◇ 演示文稿的新建
◇ 文本的输入和编辑
◇ 图片的插入和编辑
◇ 动画效果设置
◇ 幻灯片视图的切换
◇ 演示文稿的保存和关闭

➤ 任务实施

打开"素材"文件夹，本实验提供的素材存放在"实验 3.1"文件夹中。其中幻灯片中的图片在"图片"文件夹中，文字内容在"三峡景观.txt"中。

3.1.1 创建演示文稿

（1）单击【开始】按钮，选择【所有程序】→【Microsoft Office】→【Microsoft PowerPoint 2010】，或者双击桌面上快捷方式图标按钮，即可启动 PowerPoint 2010。

> **提示：** 在一个新建的演示文稿中，默认有一张幻灯片，而一个完整的演示文稿，可以包含多个幻灯片，这些幻灯片按插入的顺序依次排列，也可以随意调整次序。

（2）单击【文件】主选项卡，选择【新建】命令，如图 3-1-1 所示，选择"空白演示文稿"，在右侧单击【创建】按钮。

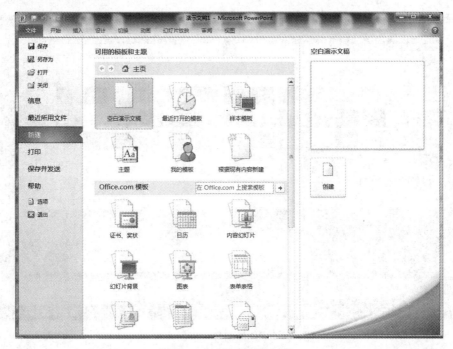

图 3-1-1　新建演示文稿

（3）幻灯片版式可以对文字、图片等进行合理、简洁、快捷的布局，PowerPoint 2010 提供了常用的几种版式供用户使用，默认使用"标题幻灯片"版式，如图 3-1-2 所示。

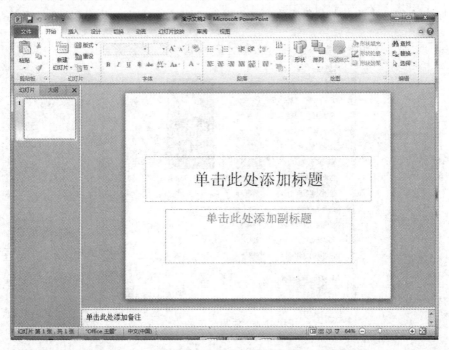

图 3-1-2　新建空白演示文稿

（4）PowerPoint 2010 内置了多种幻灯片模板,选择【设计】主选项卡的【主题】功能区,选择"波形"模板,如图 3-1-3 所示。

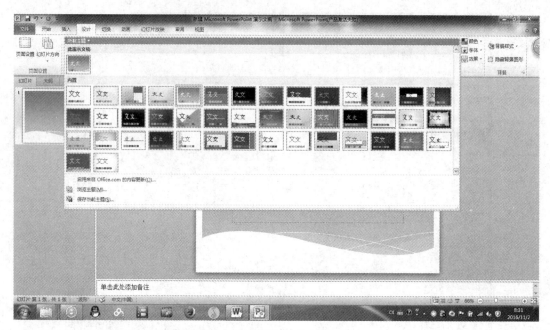

图 3-1-3　选择幻灯片应用模板

知识拓展:

新建演示文稿提供了不同风格的主题模板和配色方案,为用户所选择的类型提供了一套完整的演示文稿,用户只需在相应的地方输入和编辑内容即可,还可以通过设计"母版"来改变幻灯片的整体外观。在颜色菜单下可以进行各颜色的修改。如图 3-1-4 所示。

图 3-1-4　主题颜色的建立

3.1.2　输入和编辑文本

1. 第一张幻灯片——标题幻灯片

标题幻灯片中有两个默认的文本框，文本框中有提示输入语：单击此处添加标题。将光标放入文本框中提示语会自动消失，单击标题栏，输入"三峡大坝旅游区"，设置字体为"隶书"、字号为"60"；单击副标题栏，输入"——景点景观"，设置字体为"华文新魏"、字号为"32"。

> **提示：**演示文稿中的文本都必须在文本框中输入和编辑，用户可按需要调整文本框的大小和所处位置。没有输入任何文本的文本框在幻灯片放映时，不会显示提示语和边框。

知识拓展：

标题中一般输入该演示文稿的主题，副标题可以与主题相关，也可以输入制作者和制作时间等相关信息。

2. 第二张幻灯片——目录幻灯片

(1) 选择【开始】主选项卡，在【幻灯片】功能区的【新建幻灯片】下拉列表中选择"标题和内容"版式，如图 3-1-5 所示。

图 3-1-5　新建幻灯片

(2) 在设定好的目录幻灯片中，在标题位置输入文字"景点景观"，设置字体为"隶书"、字号为"50"。在内容区分别输入"截流纪念园""坝顶观景区""坛子岭""185 观景点"，设置字体为"宋体"、字号为"26"。如图 3-1-6 所示。

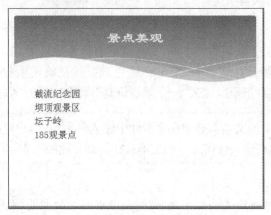

图 3-1-6　目录内容

> **提示：**在幻灯片的文本框中编辑文本和在 Word 中编辑文本方法相似，可以设置字体、字号、颜色、设置项目符号等。

（3）设置项目符号格式。选中目录文字，在【开始】主选项卡的【段落】功能区，选中【项目符号】下拉箭头，选择如图 3-1-7 所示的项目符号。

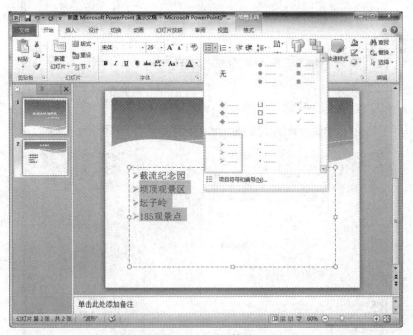

图 3-1-7　项目符号

> **提示：**项目编号在使用时，可以通过对项目的符号和编号进行自定义。如果改变项目符号，进入项目符号页面，选择图片按钮；如果改变起始编号，则进入编号页面，进行起始编号设定，同时还可以设定编号的大小和颜色。

3.1.3　插入和编辑图片

1. 第三张幻灯片——制作景区示意图

（1）选择【开始】主选项卡，在【幻灯片】功能区的【新建幻灯片】下拉列表中选择"标题和内容"版式。

（2）输入标题文字："三峡大坝景区示意图"，设置标题文字字体为"隶书"、字号为"50"，颜色为"主题颜色"—"深青，文字 2"。

（3）插入图片"三峡大坝景区示意图"。单击【插入】主选项卡【图像】功能区中的【图片】按钮，进行【插入图片】目录选择，选择"三峡景区示意图"文件，单击【插入】按钮。如图 3-1-8所示。

图 3-1-8　插入图片

> **提示：**一般情况下，插入图片后，为了使幻灯片的整体布局比较合理，有较好的视觉效果，需要调整图片的大小和位置。

知识拓展：

除了图片之外，还可以插入剪贴画、屏幕截屏、相册等图像，以及形状、SmartART 图形和图表、文本框、艺术字等文本。艺术字、相册和 SmartART 图形会在后续的内容中讲解。

2. 景点介绍——第四到第七张幻灯片

（1）新建第四到第七张幻灯片，选择"两栏内容"版式。

（2）打开"实验 3.1"文件夹中的"三峡景观. txt"。每一个景点对应一张幻灯片，标题文字为景点景区名称，字体为"隶书"、字号为"50"、颜色为"主题颜色"—"深青，文字 2"。左侧内容文字为"三峡景观. txt"中对应景点简介内容，字体为"宋体"、字号为"26"、颜色为"主题颜色"—"深蓝色，文字 2"。右侧插入对应的图片，方法同前。如图 3-1-9 所示。

图 3-1-9　景点介绍幻灯片

3.1.4　动画效果设置

幻灯片中每个对象都可单独设置动画,包括动画样式、效果选项以及高级动画和计时等。所有的动画样式被划分为四种类型,分别为进入、强调、退出和动作路径。每种动画类型又包含若干种不同的动画,"进入"和"退出"类型的动画包含了对象进入和退出幻灯片的各种方式;"强调"型动画包含了强调突出对象的各种方式;"动作路径"是指对象动画的运动路线。

在第二张幻灯片中,选中内容文本框,选择【动画】主选项卡的【动画】功能区,选择【飞入】命令,在右边的效果选项,【方向】选择"自底部",【序列】选择"按段落"。在【计时】功能区可通过【持续时间】来控制段落动作的速度,通过"延迟"来控制段落之间的间隔时间。经过比较持续时间 02.00、延迟 00.00 和持续时间 00.50、延迟 01.50,在实验中选择持续时间 00.50、延迟 01.50。文字动画效果设置如图 3-1-10 所示。

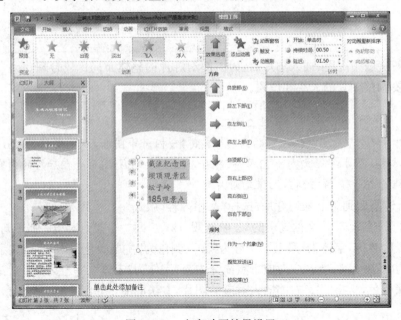

图 3-1-10　文字动画效果设置

　　图片的动画设置和文字是相同的，在第三张幻灯片中，选中图片，选择【动画】主选项卡的【动画】功能区，选择【形状】命令，在右边的效果选项中，【形状】选择"菱形"，【方向】选择"缩小"。图片动画效果设置如图 3-1-11 所示。

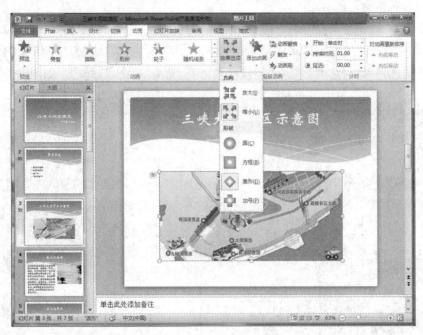

图 3-1-11　图片动画效果设置

　　在第四张幻灯片中，将左侧内容进行动画设置，其设置要求按照如图 3-1-12 所示进行，【计时】功能区，【开始】选项选择"上一动画之后"。

图 3-1-12　动画效果设置

3.1.5　幻灯片的切换

幻灯片切换是指相邻幻灯片交替时的方式。除了可以在动画方案中设置幻灯片切换效果，也可以单独设置切换效果。

在【切换】主选项卡的【切换到此幻灯片】功能区进行选择，即可实现幻灯片切换。

选择第二张幻灯片，选择"华丽型"中的"涟漪"，右侧的效果选项为"居中"。【计时】功能区设置如下：无声音，持续时间"01.40"，"换片方式"选中"单击鼠标时"。如图 3-1-13 所示。

图 3-1-13　幻灯片切换

将第四张到第七张幻灯片进行自动切换，间隔时间为 2 秒。选择第四张到第七张幻灯片，在【切换】主选项卡的【切换到此幻灯片】功能区，选择"细微型"里的"推进"，效果选项为"自底部"，【计时】功能区的【换片方式】下选中"设置自动换片时间"。

> 提示：根据不同的效果需求，可以进行单页的不同效果切换，可自行设计切换效果。

3.1.6　保存和关闭演示文稿

1. 保存演示文稿

在制作演示文稿的过程中，需要及时保存演示文稿，避免因计算机或软件故障造成制作的演示文稿内容丢失。

（1）保存新建演示文稿。新建演示文稿第一次保存时，有两种保存方式：一种是单击

【文件】→【保存】命令;第二种是通过快速访问工具栏中的【保存】按钮。这两种方式都会弹出"另存为"对话框,在弹出的对话框中选择保存的路径,设置好文件名称和保存类型后,单击【保存】即可。

(2) 保存已有演示文稿。如果不需要改变已有演示文稿的保存路径和保存类型,则单击【文件】→【保存】命令或通过快速访问工具栏中的【保存】按钮;如果需要改变已有演示文稿的保存路径和保存类型,单击【文件】→【另存为】命令,在弹出【另存为】对话框中进行相应设置,单击"保存"。

2. 关闭演示文稿

(1) 鼠标右键单击标题栏任意处,选择【关闭】命令。

(2) 鼠标左键单击标题栏右上角【关闭】图标。

(3) 单击【文件】→【关闭】。

(4) 按住快捷键"Ctrl+F4"。

3.2　美化景区介绍演示文稿

➢ 任务介绍

每个旅游景点的资料总是很多,不同的旅游者关心的信息不同,在进行景区介绍时,经常需要将不同的 PPT 资源进行整合。具体任务有:① PPT 合并;② 设置幻灯片母版;③ 插入多媒体对象、SmartART 图形;④ 进行超级链接。

➢ 相关知识

◇ PPT 合并

◇ 设置幻灯片母版

◇ 插入多媒体对象

◇ 插入和编辑 SmartArt 图形

◇ 分节

◇ 插入相册

◇ 设置动作按钮和超链接

◇ 放映幻灯片

➢ 任务实施

打开"素材"文件夹,本实验提供的素材存放于"实验 3.2"文件夹中。打开"三峡大坝旅游区.pptx"文件。

3.2.1　PPT 合并

将"实验 3.2"文件夹中的"1.pptx""2.pptx"和"三峡大坝旅游区.pptx"进行合并,并将"1.pptx"放在"三峡大坝旅游区.pptx"标题幻灯片后面,将"2.pptx"放在"三峡大坝旅游区.pptx"最后。

(1) 打开"三峡大坝旅游区.pptx""1.pptx"和"2.pptx"三个文件。选中"1.pptx"的所有幻灯片(鼠标选中第一张,按住"Shift"的同时选中最后一张幻灯片),复制后,切换至"三峡大坝旅游区.pptx",光标放在第一张标题幻灯片之后,再选择保留源格式粘贴。如图 3-2-1 所示。

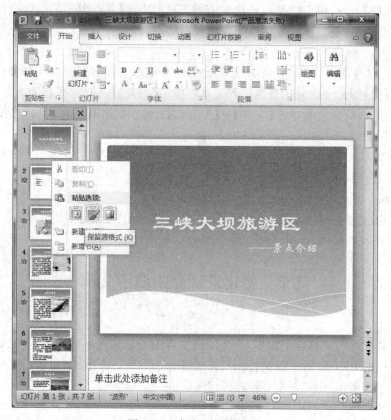

图 3-2-1 保留源格式粘贴

(2) 选中"2.pptx"的所有幻灯片,复制后,切换至"三峡大坝旅游区.pptx",光标放在最后一张幻灯片之后,再选择保留源格式粘贴。

知识拓展:

【插入】主选项卡的【文本】功能区对象按钮可以插入多种不同的对象,或者插入新建的对象,可自行练习。

3.2.2 设置幻灯片母版

幻灯片母版存储了有关幻灯片模板中的字形、占位符大小或位置、背景设计和配色方案等信息,通过母版设置可以改变幻灯片的整体外观。

通过幻灯片母版为每张幻灯片增加艺术字制作的水印效果,水印文字中包含"中青旅"字样,并旋转−30度。为幻灯片添加编号及日期,日期设置为自动更新。

(1) 通过【视图】主选项卡进入【幻灯片母版】,选择第一张幻灯片母版,然后插入【艺术字】,艺术字格式为第二行第五列,文字为"中青旅"。

(2) 选中艺术字,设置字体为"微软雅黑"、字号为"62",如图 3-2-2 所示。

(3) 选中艺术字,选择【排列功能区】的【旋转】下拉列表中【其他旋转选项】,设置旋转为"−30°"。

图 3-2-2　艺术字的字体设置

　　（4）选择【插入】主选项卡的【文本】功能区的【页眉页脚】，勾选"日期和时间""幻灯片编号"和"标题幻灯片中不显示"，并设置时间和日期为"自动更新"，最后点击"全部应用"。如图 3-2-3 所示。

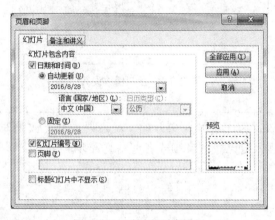

图 3-2-3　页眉和页脚设置

　　（5）在【幻灯片母版】选项卡上的【关闭】组中，单击【关闭母版视图】。

　　提示：幻灯片母版中除了插入艺术字，还可以进行其他相关的页面操作，主题颜色、字体、效果编辑、背景样式的修改及隐藏。在页面设置中，修改幻灯名片的大小、宽度、高度、幻灯片编号以及幻灯片方向。

　　知识拓展：

　　演示文稿中还可以包含两个或者多个不同的样式和主题，且为每个主题分别插入幻灯片母版。读者们可以练习将幻灯片母版从一个演示文稿复制到另一个演示文稿（在粘贴的时候选择保留源格式选项）。

3.2.3　插入多媒体对象

　　多媒体对象包括影音和声音文件，可以单独插入到一张新幻灯片，也可以和其他内容放在同一张幻灯片中。在播放演示文稿时，全程需要背景音乐，音乐文件为"实验 3.2"文件夹下的"moonlight. mp3"。

（1）选择第一张幻灯片，选中【插入】主选项卡【媒体】功能区中的【音频】，在下拉列表中选择"文件中的音频"；

（2）在弹出的对话框中，选中"实验 3.2"文件夹中的"moonlight. mp3"，点击【插入】；

（3）选中插入的音频图标，选择【音频工具】下的【播放】主选项卡【音频选项】功能区，设置【开始】为"跨幻灯片播放"，勾选"循环播放，直到停止""放映时隐藏"和"播完返回开头"。如图 3-2-4 所示。

图 3-2-4　音频播放设置

> **提示：**音频的播放要考虑从哪一页开始？是否要循环？放映时是否隐藏？音频除了来自文件，还可以插入自己录制音频或者剪贴画音频。

知识拓展：

多媒体中插入的视频，来源可以是文件中的视频、网站中的视频、剪贴画视频。插入方法和插入音频的步骤相同。

3.2.4　插入和编辑 SmartArt 图形

SmartArt 相较于早期版本中的图示，它的布局种类更加丰富，外观样式可与主题相联系，方便地设定出很多不同的颜色和效果。

在组合后的"三峡大坝旅游区.pptx"第五页幻灯片中，用"六边形群集"SmartArt 图形，代替原先的目录。

选中目录文字，点击鼠标右键，选择【转换为 SmartArt】命令，如图 3-2-5 所示。点击【其他 SmartArt 图形】，如图 3-2-6 所示，在【关系】中找到"六边形群集"SmartArt 图形。在图形框内，点击插入对应的图片。如图 3-2-7 所示。

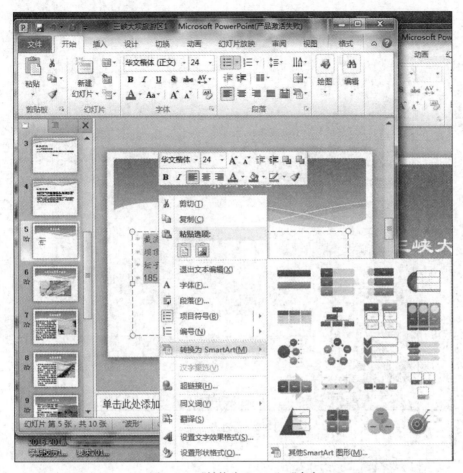

图 3-2-5 "转换为 SmartArt"命令

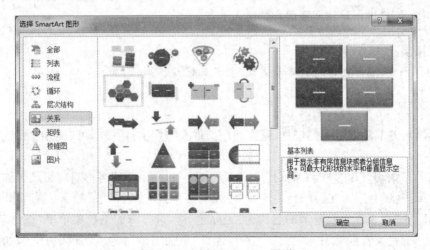

图 3-2-6 选择 SmartArt 图形

图 3-2-7　插入图片

提示：SmartArt 图形除了练习中的按准备好的具体文案进行创建外，还可以先插入 SmartArt 图形，再进行具体文案内容的输入。

知识拓展：

对现有 SmartArt 图形进行布局更改、颜色的修改、形状添加。

3.2.5　分节

使用新增的节功能组织幻灯片，就像使用文件夹组织文件一样，可以使用命名节跟踪幻灯片组。

根据第二张幻灯片的目录，把幻灯片分为 4 节。每一个节的名称对应目录名称。

选择第三张幻灯片，在【开始】主选项卡的【幻灯片】功能区，"节"的下拉菜单里选择【新增节】，如图 3-2-8 所示。新建节的名称为"无标题节"，选择节的下拉菜单里"重命名节"，输入"景区历史"。或者鼠标右击"无标题节"，选择"重命名节"，输入"景区历史"，如图 3-2-9 所示。其他三个节，也按照这个方法完成。

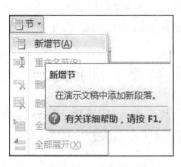

图 3-2-8　新建节

图 3-2-9　重命名节

提示:除了节的创建和重命名,还可以对节进行位置的移动。选择"向上移动节"或"向下移动节"即可。在图 3-2-9 中,已经是最后一个节,所以,"向下移动节"变为灰色。

3.2.6　插入相册

（1）选中最后一张幻灯片,选择【插入】主选项卡中【图像】功能区的【相册】;

（2）在弹出的【相册】对话框中,点击"文件/磁盘(F)",选择"实验 3.2"文件夹中的 01～08 共计八张图片,点击"插入";

（3）在【相册】对话框的相册版式中,图片版式设置为"4 张图片(带标题)",相框形状设置为"圆角矩形",点击"创建"。

（4）为新生成的相册两页幻灯片设置标题为"景点美景",如图 3-2-10 所示,将这两页"景点美景"幻灯片复制到"三峡大坝旅游区.pptx"的最后。

图 3-2-10　相册

3.2.7 设置动作按钮和超链接

超链接可以是从一张幻灯片指向到同一演示文稿中另一张幻灯片的链接（如指向自定义放映的超链接），也可以是从一张幻灯片指向到不同演示文稿中另一张幻灯片、电子邮件地址、网页或文件的链接。

将第二张目录幻灯片中的"景区历史""地理环境""景点景观"和"旅游信息"设置超链接到相应的幻灯片上，并在这些幻灯片上设置动作按钮，返回到目录幻灯片。

（1）在第二张目录幻灯片中，选中文字"景区历史"，选择【插入】主选项卡【链接】功能区中的"超链接"，在弹出的"插入超链接"对话框中，选择链接到"在本文档中的位置"，选择幻灯片标题为"景区历史"幻灯片；

（2）"地理环境""景点景观"和"旅游信息"超链接设置方法与"景区历史"相同；

（3）在第三张"景区历史"幻灯片中，选择【插入】主选项卡【插图】功能区中"形状"，选择动作按钮"后退"，在幻灯片右下角画出动作按钮，在弹出的"动作设置"对话框中，设置超链接到为"幻灯片……"，选择为第二张目录幻灯片；

（4）其他幻灯片的动作按钮设置与上一步骤相同。

3.2.8 放映幻灯片

在演示文稿中创建一个演示方式，该演示方式包含第 1、2、3、4、5、12、13 页幻灯片，并将该演示方案命名为"景点内容介绍"。

（1）选择"幻灯片放映"主选项卡"开始放映幻灯片"功能区中"自定义幻灯片放映"，在弹出的"自定义放映"对话框中点击"新建"，在弹出的"定义自定义放映"中，修改幻灯片放映名称为"景点内容介绍"，并将第 1、2、3、4、5、12、13 页幻灯片添加到"在自定义放映中的幻灯片"，如图 3-2-11 所示。

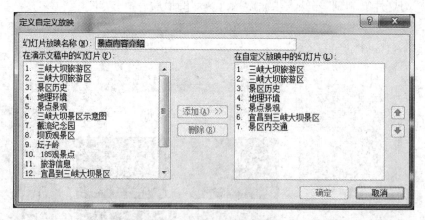

图 3-2-11　定义自定义放映

（2）选择设置的演示方式进行放映幻灯片。

（3）最后，保存幻灯片文件。

综合练习一

根据所学知识,利用"素材\综合练习一\欧洲的启蒙运动. pptx",完善 PowerPoint 文件"欧洲的启蒙运动. pptx",具体要求如下:

(1) 打开"欧洲的启蒙运动. pptx",为所有幻灯片应用主题模板"龙腾四海"。

(2) 为第二张幻灯片中的"经济:""政治:"和"思想文化:"三个词语及其解释语句设置动画:单击时从底部飞入。

(3) 为第三、第四张幻灯片中每个文本框设置动画:跨越棋盘(动画样式为:棋盘进入,效果选项为跨越),开始为"上一动画之后",持续时间"00.50",延迟"02.00"。

(4) 为第五张幻灯片表格中红色文字设置动画:单击时轮子,持续时间"02.00"。

(5) 为所有幻灯片设置切换效果:分割从中央向左右展开、持续时间 2 秒、每隔 10 秒换页,并伴有风铃声。

(6) 保存文件为"欧洲的启蒙运动. pptx"。

综合练习二

根据所学知识,利用"素材\综合练习二\1. pptx 和素材\综合练习二\2. pptx",按下列完成课件的整合制作:

(1) 为演示文稿"1. pptx"指定一个合适的设计主题,为演示文稿"2. pptx"指定另一个设计主题,要求两个主题不同。

(2) 将演示文稿"1. pptx"和"2. pptx"中所有幻灯片合并到"汇总. pptx"中,要求所有幻灯片保留原来的格式。以后的操作均要在文档"汇总. pptx"中进行。

(3)在"汇总. pptx"的第三张幻灯片之后插入一张版式为"仅标题"的幻灯片,输入标题文字"物质的状态",在标题下方制作一张关系图,参考"物态关系表"图片,所需图片在综合练习二文件夹中。添加适当的动画效果,要求同一级别的内容同时出现、不同级别的内容先后出现。

(4)在第六张幻灯片后插入一张版式为"标题和内容"的幻灯片,在该张幻灯片中插入与"蒸发和沸腾表格样式"图片文档所相对应的表格,并为该表格修改样式,添加适当的动画效果。

(5) 将第四张、第七张幻灯片分别链接到第三张、第六张幻灯片的相关文字。

(6) 设置"升华和凝华"页的内容,文字方向改变为横排。

(7) 除标题页外,为幻灯片添加编号及页脚,页脚内容为"第一章"。

(8) 为幻灯片设置适当的切换方式,以丰富放映效果。

(9) 保存文件为"汇总. pptx"。

综合练习三

根据所学知识,利用"素材\综合练习三\PowerPoint 介绍. pptx",完善 PowerPoint 文件"PowerPoint 介绍. pptx",按下列要求操作：

（1）打开文件素材\综合练习三\PowerPoint 介绍. pptx"。

（2）将演示文稿中的所有中文字体由"宋体"替换为"微软雅黑"。

（3）为了布局美观，将第二张幻灯片中的内容区域文字转换为"基本维恩图"SmartArt 布局，更改 SmartArt 的颜色，并设置该 SmartArt 样式为"强烈效果"。

（4）为上述 SmartArt 图形设置由幻灯片中心进行"缩放"的进入动画效果，要求：自上一动画开始之后自动、逐个展示 SmartArt 中的三点产品特性文字。

（5）将综合练习三文件夹中的声音文件"music. mid"作为该演示文稿的背景音乐，要求：在幻灯片放映时即开始播放，至演示结束后停止。

（6）为演示文稿最后一页幻灯片右下角的图形添加指向网址"www. microsoft. com"的超链接。

（7）为演示文稿创建三个节，其中"开始"节中包含第一张幻灯片，"信息"节中包含最后一张幻灯片，其余幻灯片均包含在"产品特性"节中。

（8）为实现幻灯片可以在展台自动放映，设置每张幻灯片的自动放映时间为 15 秒。

（9）另存为"PowerPoint. pptx"文件。

第4章 Access 2010 数据库应用实验

4.1 导入外部数据

在 Access 2010 中，可以很方便地从外部中获取数据，可以导入 Excel 文件、文本文件、XML 文件、其他数据库的数据文件等。这样，就不需要一个一个重新输入数据了。

➢ 任务介绍

1. 导入"Access 实验素材"文件夹中的"院系. xlsx"到"教学管理. accdb"数据库。

2. 导入"Access 实验素材"文件夹中的"教师. txt"到"教学管理. accdb"数据库。

➢ 任务分析

任务 1："院系. xlsx"是一个 Excel 文件，在 Access 2010 中，选择外部数据类型为 Excel，一步步根据向导提示，完成对应设置，即可导入所需数据。

任务 2："教师. txt"是一个文本文件，在 Access 2010 中，选择外部数据类型为文本文件，一步步地根据向导提示，完成相应设置，即可导入所需数据。

➢ 相关知识

◇ Access 2010 基本操作

◇ 外部数据导入

➢ 任务实施

4.1.1 导入 Excel 数据

（1）双击打开"Access 实验素材"文件夹中的"教学管理. accdb"数据库。该数据库已经包含"学生""课程"和"成绩"这三个表对象，如图 4-1-1 所示。

图 4-1-1 已有的三张表

（2）选择【外部数据】选项卡，单击【导入并链接】组上的【Excel】按钮，打开"获取外部数据—Excel 电子表格"对话框，如图 4-1-2 所示。

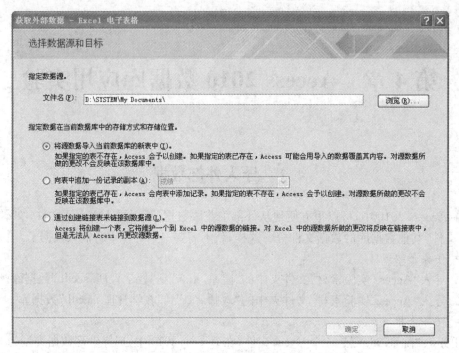

图 4-1-2   "获取外部数据—Excel 电子表格"对话框

（3）单击【浏览】按钮，选择"Access 实验素材"文件夹中的"院系. xlsx"，在"指定数据在当前数据库中的存储方式和存储位置"中选择"将源数据导入当前数据库的新表中"选项，单击【确定】按钮，打开"导入数据表向导"对话框，如图 4-1-3 所示。

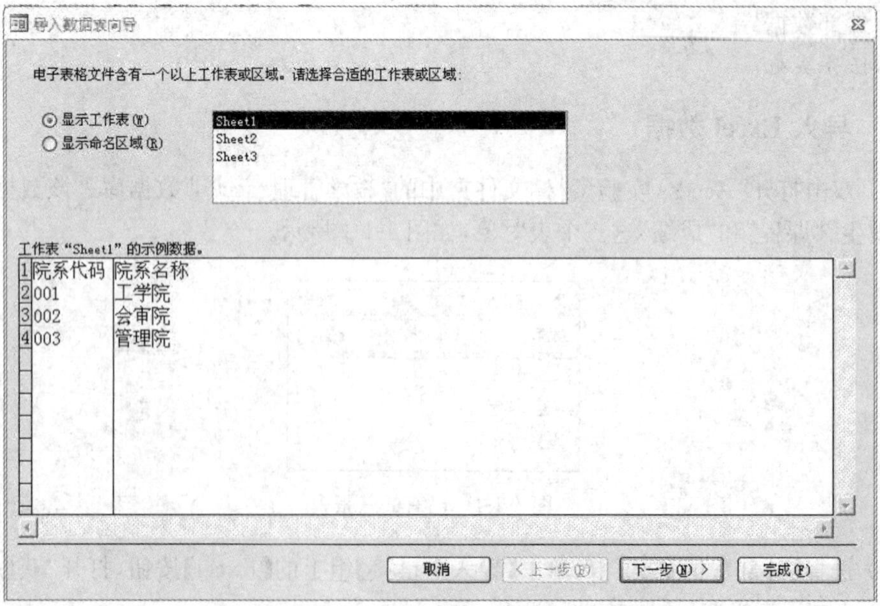

图 4-1-3   "导入数据表向导"对话框

（4）在向导对话框中"显示工作表"选择"Sheet1"，下方会显示出 Sheet1 的示例数据。单击【下一步】按钮，选中"第一行包含列标题"复选框，如图 4-1-4 所示。

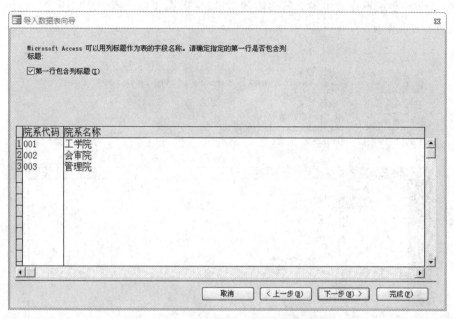

图 4-1-4　"第一行包含列标题"的设置

（5）在向导对话框中，继续单击【下一步】按钮设置字段类型，"院系代码"与"院系名称"均为文本型，而默认类型也是文本，此处不做设置，对话框如图 4-1-5 所示。

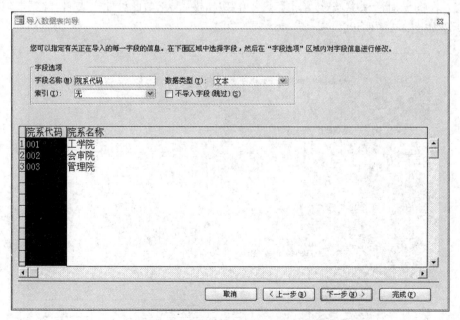

图 4-1-5　导入向导中字段类型设置界面

（6）在向导对话框中，继续单击【下一步】按钮设置表的主键。有三个选项，分别是"让

Access 添加主键""我自己选择主键"和"不要主键"。"让 Access 添加主键"会增加一个 ID 列,此字段的值依次递增;"我自己选择主键"是选择一个字段作为主键;"不要主键"是不设置主键。此处,要求不设置主键。若要添加主键,可以在表设计器中加以设置。设置主键对话框如图 4-1-6 所示。

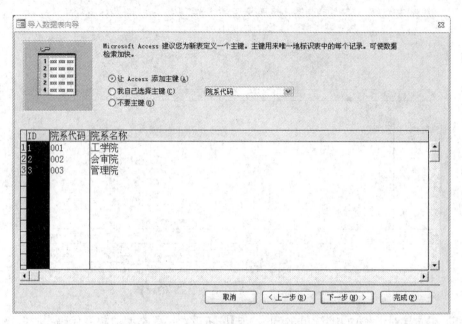

图 4-1-6 导入向导中主键设置界面

(7) 在向导对话框中,继续单击【下一步】按钮设置表名,此处输入表名"院系"。设置表名对话框如图 4-1-7 所示。

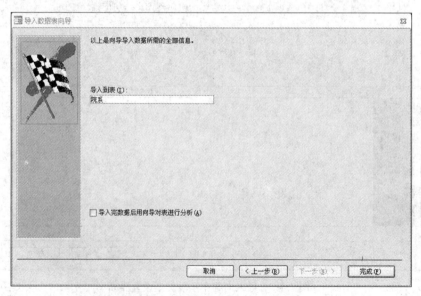

图 4-1-7 导入向导中设置表名界面

（8）在向导对话框中单击【完成】按钮后，即可关闭"获取外部数据—Excel 电子表格"对话框。此时，"院系"表已经添加到表对象中，如图 4-1-8 所示。

图 4-1-8　导入"院系"表后的表对象界面

4.1.2　导入 txt 数据

操作步骤如下：

（1）双击打开"Access 实验素材"文件夹中的"教学管理.accdb"数据库。

（2）选择【外部数据】选项卡，单击【导入并链接】组上的【文本文件】按钮，打开"获取外部数据—Excel 电子表格"对话框。

（3）单击【浏览】按钮，选择"Access 实验素材"文件夹中的"教师.txt"，在"指定数据在当前数据库中的存储方式和存储位置"选择"将源数据导入当前数据库的新表中(T)"选项，单击【确定】按钮，打开"导入文本向导"对话框，如图 4-1-9 所示。

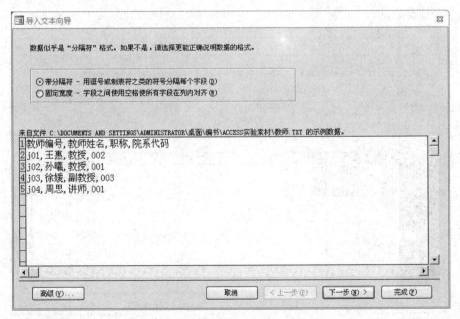

图 4-1-9　"导入文本向导"对话框

（4）在向导对话框中，选择"带分隔符—用逗号或制表符之类的符号分割每个字段(D)"，再单击【下一步】按钮。

（5）在向导对话框中"请选择字段分隔符"选择"逗号"，并勾选"第一行包含字段名称"复选框，如图 4-1-10 所示。

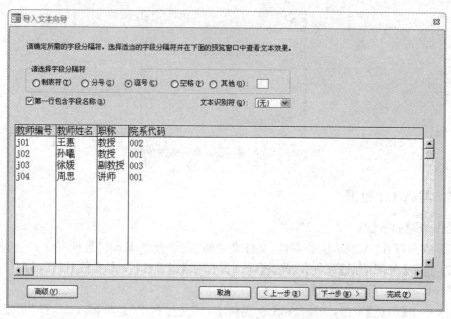

图 4-1-10 "导入文本向导"设置

（6）单击【下一步】按钮，在向导对话框中，设置字段的数据类型，如图 4-1-11 所示。此处，几个字段都默认为"文本"型。

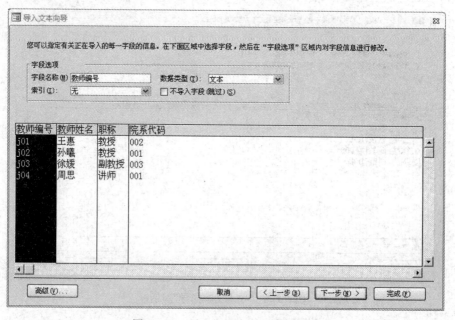

图 4-1-11 导入向导中字段类型设置

（7）在向导对话框中，继续单击【下一步】按钮设置表的主键。此处，我们选择不设置主键，如图 4-1-12 所示。

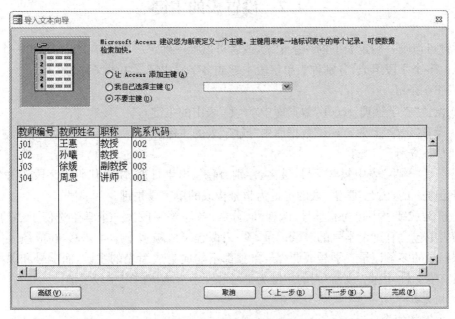

图 4-1-12　导入向导中主键设置

（8）在向导对话框中，继续单击【下一步】按钮设置表名，此处输入表名"教师"。设置表名对话框如图 4-1-13 所示。

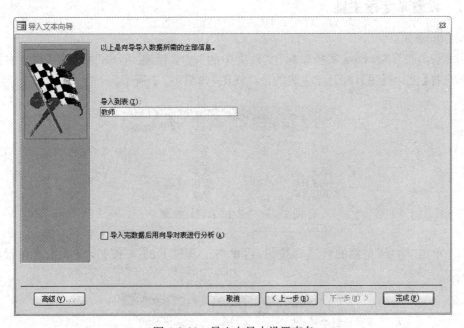

图 4-1-13　导入向导中设置表名

（9）在向导对话框中单击【完成】按钮后，关闭"获取外部数据—Excel 电子表格"对话框。此时，"教师"表已经添加到表对象中。

4.2　设置表的主键

主键可以唯一确定表中的一条记录，或者可以唯一确定一个实体。它可以由一个字段，也可以由多个字段组成，分别称为单字段主键或多字段主键。主键又称为主码。

➢ 任务介绍

1. 设置"教学管理. accdb"数据库中"学生"表中的主键。

2. 设置"教学管理. accdb"数据库中"成绩"表的主键。

➢ 任务分析

任务 1："学生"表中包含学号、姓名、性别、籍贯、出生日期、院系代码等字段。每个学生的学号是唯一的，因此"学生"表的主键为学号构成的单字段主键。

任务 2：成绩表中包含有学号、课程号、分数、备注等字段。一个学生选修了多门课程，在成绩表中包含有这个学号的多条记录。一门课程可以被多个学生选修，在成绩表中包含这个课程号的多条记录。学号或课程号单独都不能成为成绩表的主键，而学号和课程号的组合具有唯一性，因此"成绩"表的主键为学号和课程号构成的多字段主键。

➢ 相关知识

◇ 主键的概念

◇ 主键的设置

➢ 任务实施

4.2.1　设置单字段主键

操作步骤如下：

（1）双击打开"Access 实验素材"文件夹中的"教学管理. accdb"数据库，鼠标右击"学生"表，选择【设计视图】，打开学生表的设计视图，如图 4-2-1 所示。

学生	
字段名称	数据类型
学号	文本
姓名	文本
性别	文本
籍贯	文本
出生日期	日期/时间
院系代码	文本

图 4-2-1　"学生"表设计视图

（2）单击"学号"左侧的行选择按钮，再单击工具栏上的 🔑 按钮，完成主键设置，如图
主键
4-2-2 所示。

学生	
字段名称	数据类型
🔑 学号	文本
姓名	文本
性别	文本
籍贯	文本
出生日期	日期/时间
院系代码	文本

图 4-2-2　设置主键后的界面

4.2.2　设置复合主键

操作步骤如下：

(1) 双击打开“Access 实验素材”文件夹中的“教学管理.accdb”数据库，右击“成绩”表，选择【设计视图】，打开成绩表的设计视图，如图 4-2-3 所示。

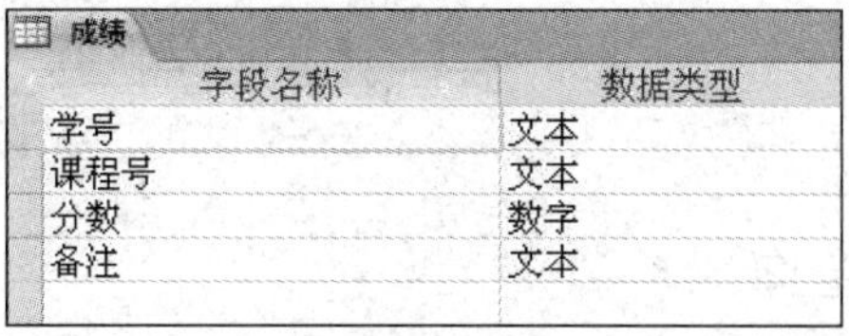

字段名称	数据类型
学号	文本
课程号	文本
分数	数字
备注	文本

图 4-2-3　“成绩”表设计视图

(2) 按住“Ctrl”键，依次单击“学号”和“课程号”左侧的行选择按钮，选中这两行，这两行的行选择按钮会呈深色显示，如图 4-2-4 所示。此处也可以用拖动的方法选中前两行。

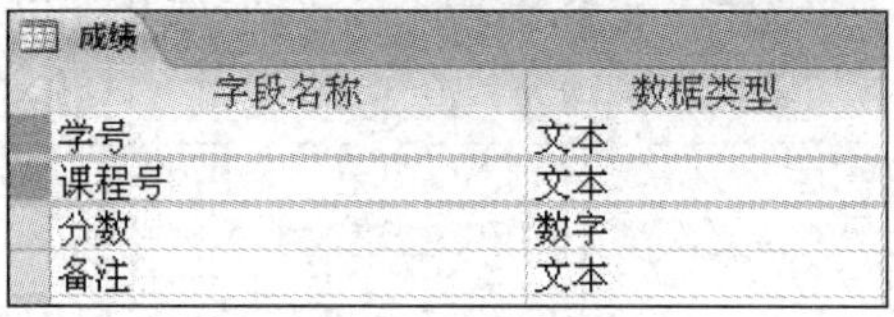

字段名称	数据类型
学号	文本
课程号	文本
分数	数字
备注	文本

图 4-2-4　选中后的界面

(3) 单击工具栏上的 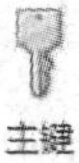

按钮，完成主键设置。此时，“学号”和“课程号”行选择按钮上出现钥匙图标，表示设置完成，如图 4-2-5 所示。

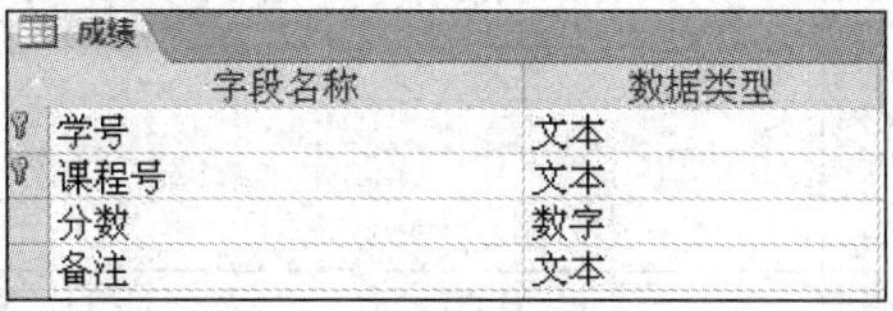

字段名称	数据类型
学号	文本
课程号	文本
分数	数字
备注	文本

图 4-2-5　设置主键后的界面

4.3　单表查询

查询是从指定的表中按照特定的条件提取满足条件的记录。查询是检索数据的主要方法，可以分为单表查询和多表查询。

➢ 任务介绍

1. 从“学生”表中查询“江苏南京”籍的学生的学号、姓名、院系代码，查询保存为“C1”。

2. 从“学生”表中查询“江苏南京”籍且院系代码是“001”的学生的学号、姓名、院系代码，查询保存为“C2”。

➢ 任务分析

任务 1：查询来自"学生"表，查询条件是籍贯为"江苏南京"，输出字段为学号、姓名、院系代码。

任务 2：在任务 1 的基础上，多设置一个院系代码是"001"的条件。

➢ 相关知识

◇ 查询的概念

◇ 单表查询的设置

➢ 任务实施

4.3.1　单表单一条件查询

（1）双击打开"Access 实验素材"文件夹中的"教学管理. accdb"数据库。

（2）单击【创建】选项卡，选择【查询】组中的【查询设计】按钮，打开查询设计器，如图 4-3-1 所示。

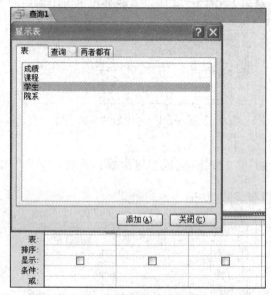

图 4-3-1　查询设计器界面

（3）在【显示表】对话框中选择"学生"表，单击【添加】按钮后，再单击【关闭】按钮。

（4）依次双击"学生"表中的学号、姓名、院系代码、籍贯字段，在籍贯列的条件栏中输入"江苏南京"（引号不输入）的条件，并勾掉它的【显示】复选框，设置如图 4-3-2 所示。

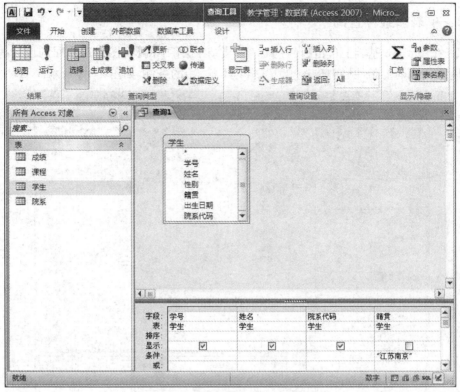

图 4-3-2 单表查询任务 1 的设置

（5）单击快速访问工具栏上的【保存】按钮，将查询保存为"C1"。

（6）单击【设计】选项卡【结果】组中的【运行】按钮，查看查询结果，如图 4-3-3 所示。

图 4-3-3 单表查询任务 1 的结果

4.3.2　单表多条件查询

(1) 在图 4-3-3 基础上单击【设计】选项卡【结果】组中的【视图】按钮,回到设计视图界面,在院系代码列的条件栏中输入"001"(引号不输入)的条件,如图 4-3-4 所示。

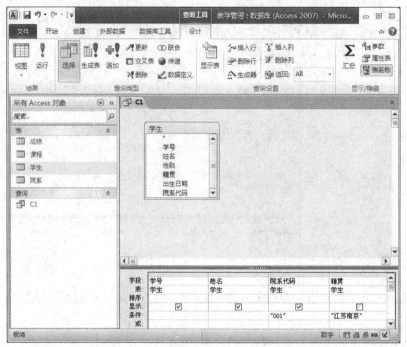

图 4-3-4　单表查询任务 2 的设置

(2) 单击【文件】选项卡中的【对象另存为】命令,将查询保存为"C2"。

(3) 单击【设计】选项卡工具栏上的【运行】按钮,查看查询结果,如图 4-3-5 所示。

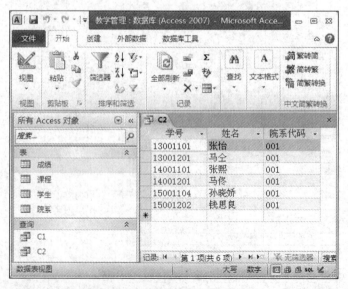

图 4-3-5　单表查询任务 2 的结果

4.4　多表查询

多表查询是指查询范围来自多个表,此时涉及表和表之间的连接。连接的类型有内连接、左连接、右连接等。内连接返回满足条件的行;左连接是结果表中除了包括满足连接条件的行外,还包括左表的所有行;右连接是结果表中除了包括满足连接条件的行外,还包括右表的所有行。

➢ 任务介绍

1. 基于"院系"和"学生"表,查询"003"系女学生的院系名称和学生姓名,查询保存为"C3"。

2. 基于"学生"和"成绩"表,查询没有选修任何课程的学生的学号和姓名。

➢ 任务分析

任务 1:查询来自"学生"表和"院系"表,两表做内连接。查询条件是院系代码为"003"以及性别为"女",输出字段为院系名称、姓名。

任务 2:查询来自"学生"表和"成绩"表,两表做左连接。查询条件是成绩.学号为空(IS NULL),输出字段为学生.学号、姓名。

➢ 相关知识

◇ 查询的概念

◇ 单表查询的设置

➢ 任务实施

4.4.1　多表内连接查询

任务 1 操作步骤:

(1) 双击打开"Access 实验素材"文件夹中的"教学管理.accdb"数据库。

(2) 单击【创建】选项卡,选择【查询】组中的【查询设计】按钮,打开查询设计器。

(3) 添加"院系"表和"学生"表到查询设计器。拖动"院系"表的"院系代码"字段到"学生"表的"院系代码"字段上方后松手,建立两个表之间的连接,此时会出现一条连接线。

(4) 依次双击"院系"表的院系名称字段、"学生"表的姓名、院系代码、性别字段。在"院系代码"列的条件栏中输入"003",并取消它的【显示】复选框勾选项。在"性别"列的条件栏中输入"女",并取消它的【显示】复选框勾选项。设置如图 4-4-1 所示。

(5) 单击快速访问工具栏上的【保存】按钮,将查询保存为"C3"。

(6) 单击【设计】选项卡【结果】组中的【运行】按钮,查看查询结果,如图 4-4-2 所示。

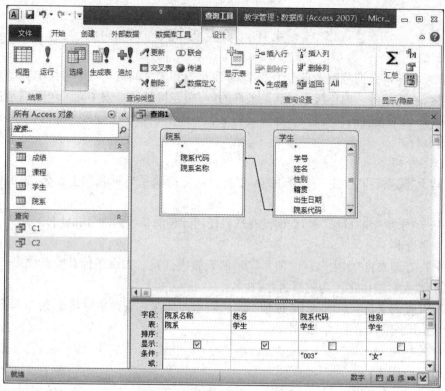

图 4-4-1　多表查询任务 1 的设置

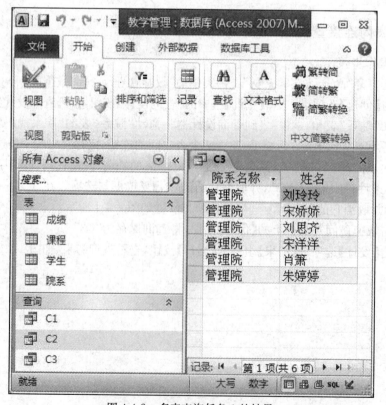

图 4-4-2　多表查询任务 1 的结果

4.4.2　多表左连接查询

任务 2 操作步骤：

（1）双击打开"Access 实验素材"文件夹中的"教学管理.accdb"数据库。

（2）单击【创建】选项卡，选择【查询】组中的【查询设计】按钮，打开查询设计器。

（3）添加"学生"表和"成绩"表到查询设计器。拖动"学生"表的"学号"字段到"成绩"表的"学号"字段上方后松手，此时会出现一条连接线。

（4）右击连线，选择【联接属性】，打开【联接属性】对话框，如图 4-4-3 所示。

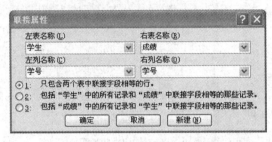

图 4-4-3　"联接属性"对话框

（5）"联接属性"对话框中的选项"1：只包含两个表中联接字段相等的行"表示内连接，选项"2：包括"学生"中的所有记录和"成绩"中联接字段相等的那些记录"表示左连接，选项"3：包括"成绩"中的所有记录和"学生"中联接字段相等的那些记录"表示右连接。在此处，我们选择选项 2 左连接。

为了让读者清楚左连接定义，我们先将"学生"表的所有字段，以及"成绩"表的所有字段都输出出来，所做的设置如图 4-4-4 所示。

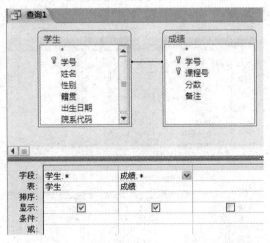

图 4-4-4　两个表全部字段都输出的设置界面

运行查询，结果如图 4-4-5 所示。

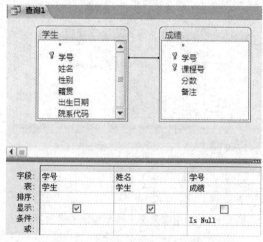

图 4-4-5　两表做左连接查询结果

　　查询结果中,存在这样的记录:学生表的各字段都有值,而成绩的各字段都为空值,这些就是没有选修课程的学生。

　　(6)依次双击"学生"表的学号和姓名字段,"成绩"表的学号字段。在"成绩"表"学号"列的条件栏中输入"Is Null"的条件,并取消它的【显示】复选框勾选项,设置如图 4-4-6 所示。在此处,也可以将"成绩"表"课程号"列的条件设置成"Is Null",或者"分数"列做这样的设置。

图 4-4-6　多表查询任务 2 的设置

　　(7)单击快速访问工具栏上的【保存】按钮,将查询保存为"C4"。

　　(8)单击【设计】选项卡【结果】组中的【运行】按钮,查看查询结果,如图 4-4-7 所示。

图 4-4-7　多表查询任务 2 的结果

4.5　汇总查询

Access 2010 具有强大的统计分析能力,利用 Access 的查询功能,可以方便地进行各类汇总等统计工作。汇总查询是对指定条件的数据分组进行检索,一般与聚合函数结合使用。

➢ 任务介绍

1. 基于"院系"和"学生"表,查询各院系的男生人数,输出院系代码、院系名称、男生人数,查询保存为"C5"。

2. 基于"院系""学生"和"成绩"表,查询各院系、各年级考试合格的人数,学号的前两位表示年级,备注为"违纪"的不参加统计,输出院系代码、院系名称、年级、合格人数,查询保存为"C6"。

➢ 任务分析

任务 1:查询来自"院系"表和"学生"表,按"院系代码"分组,对"学号"计数。查询条件是性别为"男",输出字段为院系代码、院系名称、男生人数。

任务 2:查询来自"院系"表、"学生"表、"成绩"表,按"院系代码""年级"分组,对成绩表的"学号"计数。查询条件是成绩. 分数大于等于 60,而且成绩. 备注为空(Is Null),输出字段为院系代码、院系名称、合格人数。"年级"可由 MID 函数求出。

➢ 相关知识

◇ MID 函数的使用

◇ 汇总查询的设置

➢ 任务实施

4.5.1　简单汇总查询

任务 1 操作步骤:

(1) 双击打开"Access 实验素材"文件夹中的"教学管理. accdb"数据库。

(2) 单击【创建】选项卡,选择【查询】组中的【查询设计】按钮,打开查询设计器。

(3) 添加"院系"表和"学生"表到查询设计器。拖动"院系"表的"院系代码"字段到"学生"表的"院系代码"字段上方后松手,建立两个表之间的连接。

(4) 单击【设计】选项卡【显示/隐藏】组中的汇总按钮 $\sum_{汇总}$,此时会多出一行——【总计】行。

(5) 依次双击"院系"表的院系代码和院系名称字段,"学生"表的学号和性别字段。"院系代码"和"院系名称"列的【总计】栏设置为"Group By",Group By 表示分组。"学号"列的【总计】栏设置为"计数",并在"学号"左边输入"男生人数:"(英文冒号),给该字段取个别名,查询结果中该列就显示"男生人数"。【性别】列的【总计】栏设置为"Where",Where 表示条件,在它的【条件】栏中输入"男"。设置成【Where】的列,其【显示】的复选框勾选项会自动取消。设置如图 4-5-1 所示。

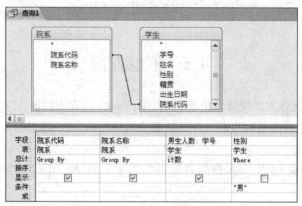

图 4-5-1 汇总查询任务 1 的设置

(6) 单击快速访问工具栏上的【保存】按钮,将查询保存为"C5"。

(7) 单击【设计】选项卡【结果】组中的【运行】按钮,查看查询结果,如图 4-5-2 所示。

图 4-5-2 汇总查询任务 1 的结果

4.5.2 复杂汇总查询

任务 2 操作步骤:

(1) 双击打开"Access 实验素材"文件夹中的"教学管理. accdb"数据库。

(2) 单击【创建】选项卡,选择【查询】组中的【查询设计】按钮,打开查询设计器。

(3) 添加"院系"表、"学生"表、"成绩"表到查询设计器。拖动"院系"表的"院系代码"字段到"学生"表的"院系代码"字段上方后松手,建立这两个表之间的连接。拖动"学生"表的"学号"字段到"成绩"表的"学号"字段上方后松手,建立这两个表之间的连接。

(4) 单击【设计】选项卡【显示/隐藏】组中的汇总按钮 $\sum$ (汇总),将显示【总计】行。

(5) 依次双击"院系"表的院系代码和院系名称字段,"学生"表的学号字段,"成绩"表的学号、分数、备注字段。"院系代码"和"院系名称"列的【总计】栏设置为"Group By"。学生表的"学号"列的【字段】栏设置为"年级:Mid(学生. 学号,1,2)",原先设置的【表】栏为"学生",mid 函数做为一个表达式来使用后,【表】栏会自动清除"学生","学生"表中有学号字段,"成绩"表中也有学号字段,故此处用"学生. 学号"指定"学号"来自"学生"表,"年级"字段的【总计】栏也设置为"Group By"。"成绩"表的"学号"列的【总计】栏设置为"计数",并在"学号"左边输入"合格人数:"。"分数"列的【总计】栏设置为"Where",在它的"条件"栏中输入">=60"。"备注"列的"总计"栏设置为"Where",在它的【条件】栏中输入"Is Null",没有违纪的其"备注"列为空值。设置如图 4-5-3 所示。

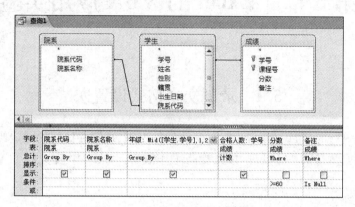

图 4-5-3 汇总查询任务 2 的设置

(6) 单击快速访问工具栏上的【保存】按钮,将查询保存为"C6"。

(7) 单击【设计】选项卡【结果】组中的【运行】按钮,查看查询结果,如图 4-5-4 所示。

院系代码	院系名称	年级	合格人数
001	工学院	13	10
001	工学院	14	8
001	工学院	15	8
002	会审院	13	8
002	会审院	14	9
002	会审院	15	10
003	管理院	13	13
003	管理院	14	9
003	管理院	15	11

图 4-5-4 汇总查询任务 2 的结果

综合练习

(1) 基于"学生"表,查询 1995 年出生的江苏无锡籍有关记录,要求输出全部字段,查询保存为"CX1"。

(2) 基于"课程"和"成绩"表,查询成绩在 90 分及以上的有关记录,要求输出课程号、课程名和成绩,查询保存为"CX2"。

(3) 基于"课程"和"成绩"表,查询未被选修的课程的课程号和课程名,查询保存为"CX3"。

(4) 基于"院系"表和"学生"表,查询各院系、各年级学生人数,要求输出院系名称、年级、人数,查询保存为"CX4"。

(5) 基于"学生"表、"成绩"表,查询每个学生成绩的平均值,备注为"违纪"的不参加统计,要求输入学号、姓名、平均成绩,查询保存为"CX5"。

第 5 章 Excel 的 VBA 应用实验

5.1 录制文本格式设置宏

宏就是将一些命令组织在一起，能被某些软件识别、理解并执行的特定代码或脚本。利用它能实现自动、批量的业务处理，极大提高工作效率。Excel 软件集成了 VBA，可用它来编制宏程序。

➢ 任务介绍

先录制一个文本格式设置的宏，再运行该宏，自动完成其他文本格式的相同设置。具体任务有：① 调出"开发工具"选项卡，② 录制宏，③ 运行宏，④ 保存工作簿。

➢ 任务分析

打开一个 Excel 空白文档，调出"开发工具"选项卡，在 Sheet1 的 A1 单元格输入"我的大学"，利用"开发工具"选项卡中的"录制宏"按钮，录制一个名为"设置文本格式"的宏。相关操作包括：将 A1:B1 合并及居中，将"我的大学"字体设置为"黑体"，字号设为"28"，字体颜色设置为"蓝色"，倾斜显示。宏录制完成后，在 Sheet2 的 A1 单元格输入"我的专业"，在 Sheet3 的 A1 单元格输入"我的班级"，执行宏并观察效果。最后保存带有宏的 Excel 工作簿。

➢ 相关知识

◇ 宏的录制

◇ 宏的运行

◇ 宏文档的保存

➢ 任务实施

5.1.1 调出"开发工具"选项卡

在 Excel 2010 中，【开发工具】选项卡一般是隐藏的。为了编制宏程序，需要将【开发工具】选项卡调出来。操作步骤如下：

(1) 启动 Excel 2010，单击【文件】选项卡的【选项】命令，打开"Excel 选项"对话框，如图 5-1-1 所示。

图 5-1-1 "Excel 选项"对话框

（2）单击【自定义功能区】按钮,在【主选项卡】列表中勾选【开发工具】复选框,并单击【确定】按钮。

图 5-1-2 "开发工具"复选框

此时，在 Excel 主界面上，增加了【开发工具】选项卡，如图 5-1-3 所示。

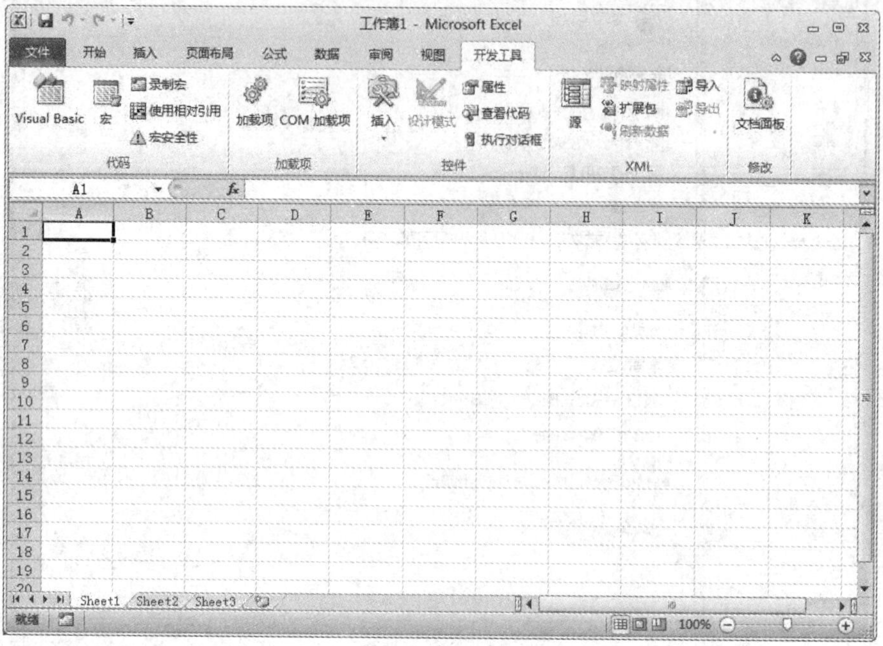

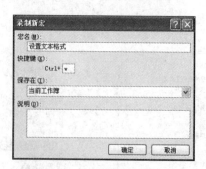

图 5-1-3 "开发工具"选项卡

5.1.2 录制"设置文本格式"宏

利用 Excel 录制宏命令，可以将所作的操作都自动转变成宏代码。录制"设置文本格式"宏操作步骤如下：

（1）在 Sheet1 的 A1 单元格中输入"我的大学"。

（2）选择【开发工具】选项卡的【代码】组，单击【录制宏】按钮，打开【录制新宏】对话框。在该对话框中输入宏名为"设置文本格式"，快捷键设置为"Ctrl＋w"，如图 5-1-4 所示。

图 5-1-4 "录制新宏"对话框

（3）单击【确定】按钮，开始录制宏。

（4）将 A1:B1 合并及居中，设置"我的大学"字体为"黑体"、字号设为"28"、字体颜色设置为"蓝色"、倾斜显示。

（5）选择【开发工具】选项卡的【代码】组，单击【停止录制】按钮，则宏录制完毕。

5.1.3　运行"设置文本格式"宏

（1）在 Sheet2 的 A1 单元格中输入"我的专业"。

（2）选择【开发工具】选项卡的"代码"组，单击"宏"按钮，打开"宏"对话框，如图 5-1-5 所示。

（3）选择列表中的"设置文本格式"宏，单击【执行】按钮，观察 Sheet2 中相应文本的变化。在"宏"对话框中，还可以编辑、删除选中的宏。

（4）在 Sheet3 的 A1 单元格中输入"我的班级"，按下快捷键"Ctrl＋w"，观察相应文本的变化。

（5）选择【开发工具】选项卡的【代码】组，单击"Visual Basic"按钮，打开 VBE 窗口。双击"工程资源管理器"列表中的"模块 1"，查看"设置文本格式"宏代码。如图 5-1-6 所示。

图 5-1-5　"宏"对话框

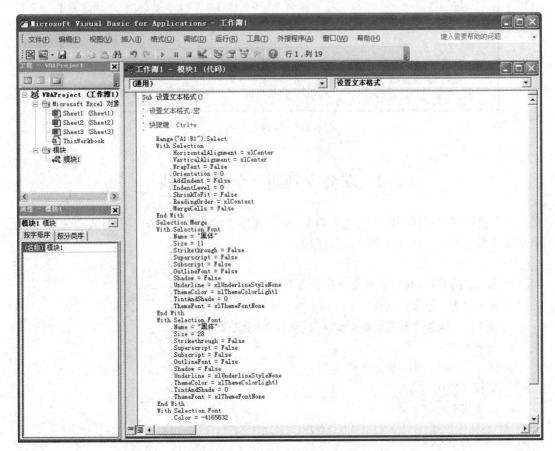

图 5-1-6　"设置文本格式"宏代码

5.1.4　保存宏文档

带有宏的工作簿需要保存为"Excel 启用宏的工作簿",该工作簿的扩展名为". xlsm"。

(1) 单击快速访问工具栏上的【保存】按钮,或者单击【文件】选项卡下的【保存】按钮,弹出【另存为】对话框。

(2) 在该对话框中输入文件名为"设置文本格式",保存类型为"Excel 启用宏的工作簿"。

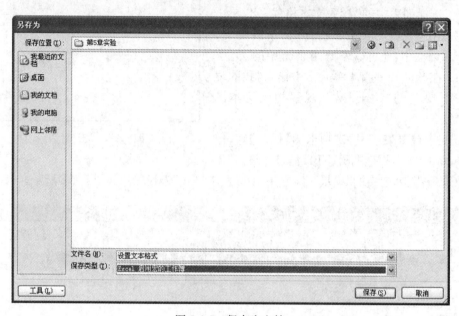

图 5-1-7　保存宏文档

5.2　双分支判断一个数的奇偶

计算机可根据不同条件进行逻辑判断,从而选择不同的程序流向。双分支是根据条件满足或不满足来分别执行两种分支程序段。

➤ 任务介绍

根据给定的整数,利用双分支结构判断该数是奇数还是偶数。

➤ 任务分析

一个整数若能被 2 整除,那么该数为偶数;否则该数为奇数。

➤ 相关知识

◇ If ... Then ... Else 双分支语句

◇ 宏模块使用

➤ 任务实施

5.2.1　创建宏模块

(1) 启动 Excel 2010,按组合键"Alt+F11",打开 VBE 界面。

(2) 单击【插入】菜单下的【模块】命令,创建"模块 1"。此时,在工程资源管理器窗口中可以看到"模块 1"。

5.2.2　If ... Then ... Else 双分支的实现

（1）在模块 1 的代码窗口中录入相应代码。如图 5-2-1 所示。

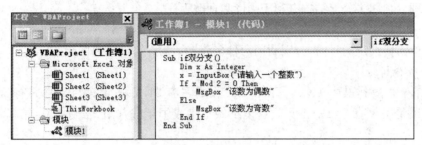

图 5-2-1　模块 1 代码

（2）单击工具栏上的 ▶（运行子过程/用户窗体(F5)）按钮，会弹出【宏】对话框。如图 5-2-2 所示。

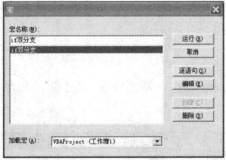

图 5-2-2　宏对话框

（3）选中"if 双分支"宏，单击【运行】按钮，执行该宏。

（4）执行过程中，弹出一个输入框，在输入框中输入一个整数后，单击【确定】按钮。

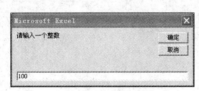

图 5-2-3　输入框

消息框将显示执行结果，如图 5-2-4 所示。

图 5-2-4　执行结果

（5）将工作簿保存为"双分支结构"。

5.3 多分支判断指定月份的天数

多分支结构中语句可以有多个分支,适用于有多种条件的情况下,根据不同的条件进行不同的处理。利用多分支结构有利于阅读和理解程序。

➢ 任务介绍

根据单元格给定的月份,分别利用两种多分支结构计算出该月的天数。

➢ 任务分析

一年有 12 个月,其中 1、3、5、7、8、10、12 月每月有 31 天,4、6、9、11 月每月有 30 天,2 月根据平年还是闰年有 28 或 29 天。这里不做平年或闰年的判断,若是 2 月,结果均显示为 "28"。

➢ 相关知识

◇ If ... Then ... ElseIf 多分支语句

◇ Select Case 多分支语句

◇ Excel 对象的表示

➢ 任务实施

5.3.1 实验数据准备

启动 Excel 2010,在 Sheet1 的 A1 单元格输入"月份",B1 单元格输入"天数",A2 单元格输入"3"。

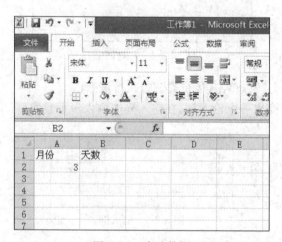

图 5-3-1 实验数据

5.3.2 If ... Then ... ElseIf 多分支的实现

(1) 按组合键"Alt+F11",打开 VBE 界面。

(2) 单击【插入】菜单下的"模块"命令,创建"模块 1"。此时,在工程资源管理器窗口中可以看到模块 1。

(3) 在模块 1 的代码窗口中录入相应代码,如图 5-3-2 所示。代码中需要用到 Excel 对象,有关 Excel 对象说明见表 5-3-1 所示。

表 5-3-1　Excel 常用对象

对象	说明
Cells(行号,列号)	指定单元格
Range(单元格或单元格区域)	指定单元格或单元格区域
ActiveCell	活动单元格
Sheets(工作表名)	指定工作表
ActiveSheet	活动工作表
WorkSheets	工作表集合
ThisWorkbook	VBA 代码所在工作簿
ActiveWorkbook	活动工作簿
Workbooks(工作簿名)	指定工作簿

图 5-3-2　模块 1 代码

（4）单击工具栏上的 ▶（运行子过程/用户窗体(F5)）按钮,执行该子过程。

（5）单击工具栏上的 ⊠ 按钮,回到 Excel 界面查看运行结果。如图 5-3-3 所示。

图 5-3-3　模块 1 执行结果

（6）将 A2 单元格中的月份改为其他月份,运行模块 1,查看运行结果。

模块 1 的代码有些冗长,我们可以运用逻辑运算符"or"来减少代码量,如图 5-3-4 所示。

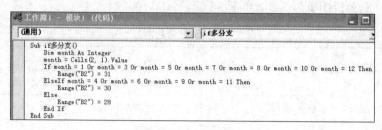

图 5-3-4　简化代码

5.3.3　Select Case 多分支的实现

（1）接着上面的例子，将 A2 单元格的值改为"9"。

（2）单击【插入】菜单下的【模块】命令，创建"模块 2"。此时，在工程资源管理器窗口中可以看到模块 2。

（3）在模块 2 的代码窗口中录入相应代码，如图 5-3-5 所示。

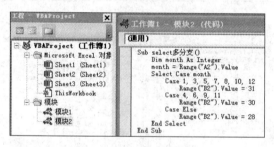

图 5-3-5　模块 2 代码

（4）单击工具栏上的 ▶（运行子过程/用户窗体(F5)）按钮，执行该子过程。

（5）单击工具栏上的 按钮，回到 Excel 界面查看运行结果。结果如图 5-3-6 所示。

图 5-3-6　模块 2 执行结果

（6）将 A2 单元格中的月份改为其他月份，运行模块 2，查看运行结果。

（7）将工作簿保存为"多分支结构"。

5.4　循环求一组数中的最大值和最小值

在不少实际问题中，有许多具有规律性的重复操作，因此在程序中就需要重复执行某些语句。循环结构是在一定条件下反复执行某段程序的流程结构。

➤ 任务介绍

根据若干单元格中的数值，将最大值用红色显示，最小值用蓝色显示。

➢ 任务分析

在 Excel 的 VBE 中通过编写模块代码来实现。求最大值的思路:先将第一个单元格中的数值赋值给 max 变量,利用循环语句,从第二个单元格开始,每一个单元格的值都要与 max 进行比较,若大于 max,则将该单元格的值赋值给 max,一直比较到最后一个单元格。此时 max 变量的值即为最大值。若要将最大值用红色进行显示,还需要用另一个变量来保存最大值所在的位置。求最小值的思路与求最大值类似。

➢ 相关知识

◇ For 循环语句

◇ While 循环语句

➢ 任务实施

5.4.1　实验数据准备

启动 Excel 2010,在 Sheet1 中录入基础数据,如图 5-4-1 所示。

	A	B
1	姓名	MS Office高级应用成绩
2	王强	85
3	孙亮	68
4	王晓霄	77
5	金娇娇	82
6	刘克虎	96
7	张光明	51
8	赵洪	75
9	钱多多	90
10	李芸	58
11	陆新民	80

图 5-4-1　实验数据

5.4.2　for 循环的实现

(1) 按组合键"Alt+F11",打开 VBE 界面。

(2) 单击【插入】菜单下的【模块】命令,创建"模块 1"。

(3) 在模块 1 的代码窗口中分别录入求最大值和最小值的子过程代码,如图 5-4-2 所示。

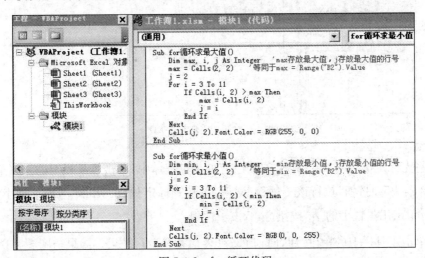

图 5-4-2　for 循环代码

（4）将光标定位到"for 循环求最大值"的子过程体中，单击工具栏上的 ▶（运行子过程/用户窗体(F5)）按钮，执行该子过程；同理，再将光标定位到"for 循环求最小值"的子过程体中，单击工具栏上的 ▶ 按钮，执行该子过程。

（5）单击工具栏上的 ⊠ 按钮，回到 Excel 界面查看运行结果。如图 5-4-3 所示。

	A	B
1	姓名	MS Office高级应用成绩
2	王强	85
3	孙亮	68
4	王晓霄	77
5	金娇娇	82
6	刘克虎	96
7	张光明	51
8	赵洪	75
9	钱多多	90
10	李芸	58
11	陆新民	80

图 5-4-3　执行结果

5.4.3　while 循环的实现

（1）接上面的例子，单击【插入】菜单下的【模块】命令，创建"模块 2"。此时，在工程资源管理器窗口中可以看到模块 2。

（2）在模块 2 的代码窗口中录入相应代码，如图 5-4-4 所示。

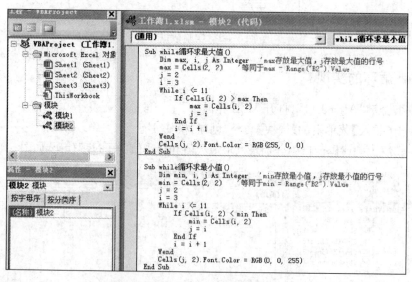

图 5-4-4　while 循环代码

（3）将光标定位到"while 循环求最大值"的子过程体中，单击工具栏上的 ▶（运行子过程/用户窗体(F5)）按钮，执行该子过程；同理，再将光标定位到"while 循环求最小值"的子过程体中，单击工具栏上的 ▶ 按钮，执行该子过程。

（4）单击工具栏上的 ⊠ 按钮，回到 Excel 界面查看运行结果。结果与图 5-4-3 一致。

（5）将工作簿保存为"循环结构"。

5.5　循环实现分页

Excel 中的分页符主要起到强制分页的作用，预览和打印时均会在有分页符的地方强制分页。

➢ 任务介绍

事先按班级排好序，用录制宏的功能，获得所需代码，再通过循环，实现按照班级分页。

➢ 任务分析

在 Excel 的 VBE 中通过编写模块代码来实现。求解思路：先将第一个单元格中的班级赋值给 class 变量，利用循环语句，从第二个单元格开始，每一个单元格的值都要与 class 相比较，若不相等，则在该行插入一个分页符，并将该单元格的值赋值给 class 变量，一直比较到最后一个单元格。

➢ 相关知识

◇ 录制宏

◇ For 循环语句

➢ 任务实施

5.5.1　实验数据准备

启动 Excel 2010，在 Sheet1 中录入基础数据，如图 5-5-1 所示。

	A	B
1	姓名	班级
2	王强	计算机1班
3	孙亮	计算机1班
4	王晓霄	计算机1班
5	金娇娇	计算机2班
6	刘克虎	计算机2班
7	张光明	计算机2班
8	赵洪	计算机3班
9	钱多多	计算机3班
10	李芸	计算机4班
11	陆新民	计算机4班

图 5-5-1　实验数据

5.5.2　录制分页宏

（1）选择【开发工具】选项卡的【代码】组，单击【录制宏】按钮，打开【录制新宏】对话框。在该对话框中输入宏名为"分页"，快捷键为设置为"Ctrl＋f"，如图 5-5-2 所示。

（2）单击【确定】按钮，开始录制宏。

（3）选中第五行，选择【页面布局】选项卡的【页面设置】组，单击【分隔符】按钮，选择【插入分页符】命令。

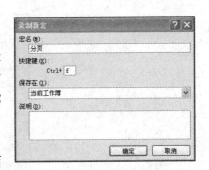

图 5-5-2　"分页"宏对话框

（4）选择【开发工具】选项卡的【代码】组，单击【停止录制】按钮，则宏录制完毕。

5.5.3　for 循环实现按班级分页

（1）按组合键"Alt＋F11"，打开 VBE 界面。

（2）单击"工程资源管理器"窗口中的"模块 1"，复制分页的两行代码，此代码在后面要稍做修改。

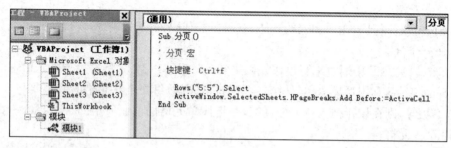

图 5-5-3　"分页"的宏代码

（3）单击【插入】菜单下的【模块】命令，创建"模块 2"。

（4）在模块 2 的代码窗口中录入子过程代码，如图 5-5-4 所示。倒数第 4、5 行的代码即第 2 步复制过来的代码，其对倒数第 5 行代码做了修改。

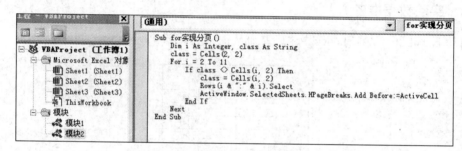

图 5-5-4　"分页"的代码

（5）将光标定位到"for 实现分页"的子过程体中，单击工具栏上的 ▶（运行子过程/用户窗体（F5））按钮，执行该子过程。

（6）单击工具栏上的 ⊠ 按钮，回到 Excel 界面查看运行结果。

	A	B
1	姓名	班级
2	王强	计算机1班
3	孙亮	计算机1班
4	王晓霄	计算机1班
5	金娇娇	计算机2班
6	刘克虎	计算机2班
7	张光明	计算机2班
8	赵洪	计算机3班
9	钱多多	计算机3班
10	李芸	计算机4班
11	陆新民	计算机4班

图 5-5-5　"分页"的结果

（7）将工作簿保存为"for 实现分页"。

综合练习

（1）新建模块，创建一个名为"pd1"的子过程，通过输入框输入一个整数，利用 If ... Then ... ElseIf 结构判断该数是正数、负数还是 0。

（2）改写第 1 题，利用 Select Case 结构实现相同功能。

（3）实现按"籍贯"分页，基础数据见下表所示。

姓名	班级	籍贯
王强	计算机 1 班	江苏南京
孙亮	计算机 1 班	江苏无锡
王晓霄	计算机 1 班	江苏苏州
金娇娇	计算机 2 班	江苏南通
刘克虎	计算机 2 班	江苏南京
张光明	计算机 2 班	江苏镇江
赵洪	计算机 3 班	江苏苏州
钱多多	计算机 3 班	江苏南通
李芸	计算机 4 班	江苏无锡
陆新民	计算机 4 班	江苏南京

参考文献

[1] 王必友主编. 大学计算机实践教程. 北京:高等教育出版社,2015.

[2] 匡松主编. 大学 MS Office 高级应用实践教程. 成都:西南财经大学出版社,2014.

[3] 于双元主编. 全国计算机等级考试二级教程——MS Office 高级应用(2015 版). 北京:高等教育出版社,2014.